学以致用系列丛书

电脑组装、维护与故障排除
（第2版）

智云科技　编著

U0247649

清华大学出版社

北　京

内 容 简 介

本书共13章，主要包括全面认识电脑、电脑的选购与组装、系统安装与设置、系统日常维护及常见故障排除5个部分。通过本书的学习，读者可以从一个电脑新手逐步晋升为电脑高手，将所学真正用到实际生活与工作中，达到学以致用的目的。

此外，本书还提供了丰富的栏目板块，如小绝招、长知识和给你支招。这些板块不仅丰富了本书的知识，还教会读者更多常用的技巧，从而提高实战操作能力。

本书主要定位于希望快速掌握电脑各方面知识，特别是电脑硬件的组装、日常维护及故障排除的学生、家庭用户以及办公人员，也适合各类社会培训学员使用，或作为各大中专院校及各类电脑培训班的教材。

本书封面贴有清华大学出版社防伪标签，无标签者不得销售。

版权所有，侵权必究。举报：010-62782989，beiqinquan@tup.tsinghua.edu.cn。

图书在版编目(CIP)数据

电脑组装、维护与故障排除 / 智云科技编著. —2版. —北京：清华大学出版社，2016（2023.7重印）

（学以致用系列丛书）

ISBN 978-7-302-44795-5

Ⅰ.①电… Ⅱ.①智… Ⅲ.① 电子计算机—组装② 计算机维护③ 电子计算机—故障修复

Ⅳ.①TP30

中国版本图书馆CIP数据核字(2016)第189717号

责任编辑：李玉萍
封面设计：杨玉兰
责任校对：刘秀青
责任印制：杨 艳

出版发行：清华大学出版社

网　　　址：http://www.tup.com.cn，http://www.wqbook.com

地　　　址：北京清华大学学研大厦 A 座　　　　邮　　编：100084

社 总 机：010-83470000　　　　　　　　　　邮　　购：010-62786544

投稿与读者服务：010-62776969，c-service@tup.tsinghua.edu.cn

质量反馈：010-62772015，zhiliang@tup.tsinghua.edu.cn

印 装 者：涿州市般润文化传播有限公司

经　　销：全国新华书店

开　　本：190mm×260mm　　　印　张：19　　　字　数：462 千字

　　　　　（附 DVD1 张）

版　　次：2015 年 1 月第 1 版　 2016 年 9 月第 2 版　　印　次：2023 年 7 月第 6 次印刷

定　　价：58.00 元

产品编号：068426-01

前言

如今，学会使用电脑已不再是休闲娱乐的一种生活方式，在工作节奏如此快的今天，它已成为各行业中不可或缺的一种工作方式。为了让更多初学者学会电脑和相关软件的操作，经过我们精心的策划和创作，"学以致用"系列丛书已在2015年初和广大读者见面了。该丛书自上市以来，一直反响很好，而且销量可观。

为了回馈广大读者，让更多人学会使用电脑这个必备工具和一些常用软件的操作，时隔一年，我们对"学以致用"丛书进行了全新升级改版，不仅优化了版式效果，更对内容进行了全面更新，让读者能学到更多实用的技巧。

本丛书分别涉及了电脑基础与入门、网上开店、Office办公软件、图形图像和网页设计等领域，每本书的内容和讲解方式都根据其特有的应用要求进行了量身打造，目的是让读者真正学得会、用得好。本系列丛书包括的书目如下：

- ◆ Excel高效办公入门与实战
- ◆ Excel函数与图表入门与实战
- ◆ Excel数据透视表入门与实战
- ◆ Access 数据库基础及应用（第2版）
- ◆ PPT设计与制作（第2版）
- ◆ 新手学开网店（第2版）
- ◆ 网店装修与推广（第2版）
- ◆ Office 2013入门与实战（第2版）
- ◆ 新手学电脑（第2版）
- ◆ 中老年人学电脑（第2版）
- ◆ 电脑组装、维护与故障排除（第2版）
- ◆ 电脑安全与黑客攻防（第2版）
- ◆ 网页设计与制作入门与实战
- ◆ AutoCAD 2016中文版入门与实战
- ◆ Photoshop CS6平面设计入门与实战

丛书两大特色

本丛书主要体现了我们的"理论知识和操作学得会，实战工作中能够用得好"这两条策划和创作宗旨。

理论知识和操作学得会

◆ 讲解上——实用为先，语言精练

本丛书在内容挑选方面注重3个"最"——内容最实用，操作最常见，案例最典型，并且精练讲解理论部分的文字，用通俗的语言将知识讲解清楚，提高读者的阅读和学习效率。

◆ 外观上——单双混排，全程图解

本丛书采用灵活的单双混排方式，主打图解式操作，并且每个操作步骤在内容和配图上均采用编号进行逐一对应，使整个操作更清晰，让读者能够轻松和快速掌握。

◆ 结构上——布局科学，学习+提升同步进行

本丛书在每章知识的结构安排上，采取"主体知识+给你支招"的结构，其中，"主体知识"主要针对当前章节涉及的所有理论知识进行讲解；"给你支招"则是对本章相关知识的延伸与提升，其实用性和技巧性更强。

◆ 信息上——栏目丰富，延展学习

本丛书在知识讲解过程中，还穿插了各种栏目板块，如"小绝招""长知识"和"给你支招"。通过这些栏目，有效地增加了本书的知识量，扩展了读者的学习宽度，从而帮助读者掌握更多实用的操作技巧。

实战工作中能够用得好

本丛书在讲解过程中，采用"知识点+实例操作"的结构进行讲解。为了让读者清楚这些知识在实战工作中的具体应用，所有的案例均来源于实际工作中的典型案例，比较有针对性。通过这种讲解方式，让读者能在真实的环境中体会知识的应用，从而达到举一反三、在工作中用得好的目的。

关于本书内容

本书共13章。主要包括全面认识电脑、电脑的选购与组装、系统安装与设置、系统日常维护以及常见故障排除5个部分，各部分的具体内容如下。

章节介绍	内容体系	作用
Chapter 01	全面认识电脑的基础知识，其主要内容包括：电脑的分类、电脑的组成以及组成电脑的各部件的介绍	读者可以全面认识电脑，为后续学习打下基础
Chapter 02~Chapter 03	电脑的选购与组装技巧知识，其具体内容包括：CPU、主板与内存的选购，硬盘与显示器的选购，显卡、机箱与电源的选购，网络装机体验以及动手组装电脑等	读者可以熟悉电脑各部件选购时的注意事项，以及掌握电脑的组装方法
Chapter 04~Chapter 08	系统安装与设置方法，其具体内容包括：设置BIOS的方法，分区格式化硬盘，操作系统的安装过程，通过注册表优化系统，Windows 7系统设置快速上手，Windows 10操作系统初体验，家庭组与局域网的资源共享等	读者可以轻松理解与掌握Windows的安装、设置与优化等操作
Chapter 09~Chapter 10	系统日常维护技巧知识，其具体内容包括：系统日常维护，备份与还原操作系统及数据等	读者可以掌握Windows 7操作系统的日常维护、备份及还原的方法
Chapter 11~Chapter 13	电脑常见故障排除，其具体内容包括：操作系统与软件故障、常见硬件故障排除以及常见网络故障排除	读者可以熟练掌握电脑在日常使用中各种故障产生的原因及排除方法

关于本书特点

特点	特点说明
系统全面	本书体系完善，由浅入深地对电脑组装、维护与故障排除进行了全面讲解，其内容包括电脑基础快速入门、手把手教你选电脑、轻松组装电脑、设置BIOS与分区格式化硬盘、安装操作系统与注册表优化系统、Windows 7系统设置快速上手、Windows 10操作系统初体验、家庭组与局域网的资源共享、系统日常维护技巧知识以及各种电脑故障的排除
案例实用	本书为了让读者更容易学会理论知识，不仅为其配备了大量的案例操作，而且在案例选择上也很注重实用性，这些案例不单单是为了验证知识操作，它是我们实际工作和生活中常遇到的问题。因此，通过这些案例，可以让读者学会知识的同时，解决工作和生活中的问题，达到双赢的目的
拓展知识丰富	在本书讲解的过程中安排了上百个"小绝招"和"长知识"板块，用于对相关知识的提升或延展。另外，在电脑组装和维护相关章的最后还专门增加了"给你支招"版块，让读者学会更多的进阶技巧，从而提高工作效率
语言轻松	本书语言通俗易懂、贴近生活，略带幽默元素，让读者能充分享受阅读的过程。语言的逻辑性较强，前后呼应，随时激发读者的记忆

关于读者对象

本书主要定位于希望快速掌握电脑各方面知识，特别是电脑硬件的组装、日常维护及故障排除的学生、家庭用户以及办公人员，也适合各类社会培训学员使用，或作为各大中专院校及各类电脑培训班的教材。

关于创作团队

本书由智云科技编著，参与本书编写的人员有邱超群、杨群、罗浩、林菊芳、马英、邱银春、罗丹丹、刘畅、林晓军、周磊、蒋明熙、甘林圣、丁颖、蒋杰、何超等，在此对大家的辛勤工作表示衷心的感谢！

由于编者经验有限，加之时间仓促，书中难免会有疏漏和不足，恳请专家和读者不吝赐教。

编　者

目录

Chapter 02 手把手教你选电脑

Chapter 03 轻松组装电脑

Chapter 04 设置BIOS与分区格式化硬盘

Chapter 05 安装操作系统与注册表优化系统

Chapter 06　Windows 7系统设置快速上手

Chapter 07　Windows 10操作系统初体验

Chapter 08 家庭组与局域网的资源共享

Chapter 09　坚持做好系统日常维护

Chapter 10　备份与还原操作系统及数据

Chapter 11　快速解决操作系统与软件故障

Chapter 12　常见硬件故障排除

Chapter 13　常见网络故障排除

Chapter

01

电脑基础快速入门

学习目标

　　如今，电脑已经逐步成为人们生活和工作中必不可少的一种工具。大多数人在使用电脑的过程中，仅限于电脑软件的操作。而要深入了解并掌握电脑维护与故障排除的基本技能，必须对电脑的硬件也有一定的了解。本章将对电脑的基础知识进行全面的介绍，让读者可以快速入门。

本章要点

- 根据体积大小划分类型
- 根据外观和便携性划分类型
- 电脑的硬件系统
- 电脑的软件系统
- CPU的类型

- 主频、倍频与外频
- 前端总线频率
- 缓存
- 内部核心类型
- 主板的架构

......
......

知识要点	学习时间	学习难度
常见的电脑分类	30 分钟	★★
电脑系统的基本构成	30 分钟	★★
电脑硬件系统的组成元素	60 分钟	★★★

1.1 常见的电脑分类

阿智：小白，你知道常见的电脑有哪些分类吗？

小白：是分为台式电脑、笔记本电脑和平板电脑吧。

阿智：不止，其实电脑有多种分类。你所说的是按照外观与便携式来分类的，而且说得也不全面。下面就来介绍常见的电脑分类。

电脑的书面称呼也叫计算机，根据其体积大小、计算速度、外观结构等标准，可将其划分为不同的类型。

1.1.1 根据体积大小划分类型

根据体积大小，电脑可分为巨型计算机、大/中型计算机、小型计算机和微型计算机四大类。

学习目标 了解电脑按体积大小的分类方法
难度指数 ★

巨型计算机

巨型计算机也称为超级计算机，是计算机中功能最强大、运算速度最快、存储容量最大的一种计算机，多用于国家高科技领域和尖端技术研究，如图1-1所示。

图1-1 我国某巨型计算机

大/中型计算机

大/中型计算机综合负荷能力强、通用性好，常用于银行机构、国家政府部门等需要进行大量数据计算的场合，如图1-2所示。

图1-2 某大型计算机机房

小型计算机

小型计算机是相对于大型计算机而言，其软件和硬件系统规模相对较小，但其价格低、可靠性高、便于维护和使用，一般多用于小型企业的服务器，如图1-3所示。

图1-3　某服务器主机

微型计算机

微型计算机也称为个人计算机或PC，是最常见的一种电脑(也是本书讲解的对象)，其价格低、体积小、结构紧凑，是普通办公和家庭娱乐的机型，如图1-4所示。

平板电脑

平板电脑是最近几年才兴起的一种新型个人电脑，其功能虽然比不上一般电脑强大，但其超便携性、强大的娱乐功能、超低的价格等优势，成为很多人的娱乐工具，如图1-5所示。

图1-5　某品牌平板电脑外观

笔记本电脑

笔记本电脑也称为便携式个人电脑，它将主机、显示器、鼠标、键盘等基本设备整合在一起，并可以使用专用电源供电，实现移动办公的目的，如图1-6所示。

图1-4　微型计算机

1.1.2　根据外观和便携性划分类型

对于日常工作和生活中常见的微型计算机，根据其外观结构和便携性，又可分为平板电脑、笔记本电脑、台式一体机、台式电脑等类型。

图1-6　某笔记本电脑外观

台式一体机

台式一体机是台式电脑的一种，其一体性体现在将主机、屏幕和音箱集成在一起，但鼠标和键盘还是独立的，如图1-7所示。

图1-7　某台式一体机外观

台式电脑

台式电脑在微型电脑中是体积最大的，移动性有限，通常固定安装在某一位置。但其价格低廉、性能强大、维护方便，并且可扩展性很强，是普通家庭娱乐和办公的首选，如图1-8所示。

图1-8　某台式电脑外观

1.2　电脑系统的基本构成

小白：为什么看似几个比较简单的零件组合在一起，电脑便可以实现非常强大的功能呢？电脑系统到底是由什么构成？

阿智：因为这些零件并不是简单的零件，总的来说，电脑系统主要由两大部分组成，分别是硬件和软件，软件需要在硬件的基础上实现功能。下面就介绍这两部分构成。

电脑系统的组成可分为两大部分，分别是能用手触摸到且真实存在的硬件系统和由不同代码组合而成的用以完成某种功能的软件系统。

1.2.1　电脑的硬件系统

电脑的硬件系统是指在整个电脑系统中用手能摸得到的真实存在的部分，如图1-9所示为某电脑的基本硬件组成部分。

图1-9　某电脑的基本硬件组成部分

学习目标　认识电脑硬件系统的组成元素
难度指数　★★

 CPU

　　CPU是电脑的"大脑"，电脑运行过程中的所有命令都是由它发出的，家用电脑的CPU主要有Intel和AMD两个品牌，如图1-10所示。

图1-10　电脑的CPU

 内存

　　内存是电脑运行过程中的数据中转站，负责从硬盘读取数据传送给CPU，并接收CPU处理后的数据传回给硬盘或其他设备，如图1-11所示。

图1-11　电脑的内存条

 硬盘

　　硬盘是电脑系统数据最终的保存地，所有程序和文件都保存在硬盘中，在需要时读取到内存中运行，如图1-12所示。

图1-12　电脑的硬盘

 显卡

　　显卡是电脑系统图形图像处理的主要设备，根据是否有独立的显存和GPU分为独立显卡和集成显卡两种，如图1-13所示。

图1-13　电脑的独立显卡

图1-15　电脑主机的电源

主板

　　主板是电脑系统的连接中枢，它将电脑的各个部件连接起来形成一个整体，所有数据和命令的传输都要从主板上经过，如图1-14所示。

💻 光驱

　　光驱是电脑系统中的可选外部存在器，可以读取光盘中的内容，如果带刻录功能，则可以将数据保存到光盘上，如图1-16所示。

图1-14　电脑的主板

图1-16　电脑的光驱

💻 电源

　　电源是电脑系统的动力中心，主机箱内所有设备都靠主机电源供电，其功率大小和稳定性会影响整个系统运行的稳定性，如图1-15所示。

💻 机箱

　　机箱是电脑系统的"外衣"，上面介绍的所有部件都是安装在机箱内部的，其主要作用是保护和固定各部件，如图1-17所示。

图1-17 电脑的机箱

显示器

显示器是电脑系统中用于向用户提供信息处理结果的主要设备，用户的所有操作都需要在显示器上观看，如图1-18所示。

图1-18 电脑的显示器

鼠标与键盘

这是电脑的主要输入设备，鼠标用于控制光标的移动，以选取内容或执行操作；键盘主要用于输入各种命令，如图1-19所示。

图1-19 电脑的鼠标和键盘

麦克风和音箱

这是电脑主要的音频输入输出设备，麦克风用于将声波信号转换为电信号供电脑处理，而音箱则是将电脑处理的声音播放出来，如图1-20所示。

图1-20 电脑用的音箱和麦克风

1.2.2 电脑的软件系统

电脑的软件是由一系列代码构成的摸不到的虚拟物品，但是电脑要实现某种功能，却必须要与软件配合。可以说电脑的硬件只是电脑的躯壳，软件才是电脑的灵魂。电脑中的软件主要分为系统软件和应用软件两大类。

学习目标 了解电脑的软件构成
难度指数 ★★

系统软件

系统软件可控制和协调电脑及外部设备，是无须用户干预的各种程序的集合，主要负责管理电脑系统中各种独立的硬件，使它们可以协调工作，如图1-21所示。

图1-21　常见的几种系统软件

　应用软件

应用软件是相对于系统软件而言的，是一种可以满足用户不同领域、不同问题的应用需求的一种软件，它可以拓宽电脑的应用领域，放大硬件的功能，如图1-22所示。

图1-22　常见的几种应用软件

1.3　CPU：电脑的核心

小白：都说CPU是电脑最重要的硬件元素，它到底有什么特别之处呢？

阿智：CPU是一个电脑最核心的组成部分，相当于一个人的大脑一样，控制着所有的操作，因此它的重要性不言而喻。

CPU也称中央处理器，在整个电脑硬件系统中只是一个很小的芯片，但它却是整个电脑的"指挥中心"，所有的控制指令都是从这里发出去的。

1.3.1　CPU的类型

当前市面上主要有两种品牌的CPU，分别是Intel和AMD，但是它们又有多种类型，下面就来认识一下。

1. Intel CPU按系列分类

Intel CPU是由全球最大的半导体芯片制造商Intel公司生产的一系列CPU，也是个人电脑中最早的CPU品牌，其稳定的性能被大多数办公用户所青睐。

Intel CPU面向不同的用户推出了很多系列，目前市场上主要有赛扬、奔腾、酷睿和至强4个系列。

Intel赛扬CPU

Intel赛扬CPU是Intel公司针对低端客户推出的CPU系列，主要是为了填补低端市场的空白，其性能相对较低，适合对电脑性能要求不高的普通家庭用户使用。如图1-23所示为Intel赛扬CPU。

图1-23　Intel赛扬CPU

Intel奔腾CPU

Intel奔腾CPU是Intel CPU告别微处理器时代的标志，刚推出时针对的是中高端市场，但随着技术的发展，奔腾系列CPU已经开始面向低端市场。如图1-24所示为Intel奔腾CPU。

图1-24　Intel奔腾CPU

Intel酷睿CPU

酷睿CPU是面向中高端用户推出的CPU系列，其性能稳定、运算速度快，在CPU中采用了高性能显示芯片，但其价格较高。如图1-25所示为Intel酷睿CPU。

图1-25　Intel酷睿CPU

Intel至强CPU

Intel至强系列CPU性能强劲，数据处理能力强，多用于"中间范围"的企业服务器和工作站，支持多处理器技术(同一台电脑中安装多个CPU)。如图1-26所示为Intel至强CPU。

图1-26　Intel至强CPU

2. AMD CPU按系列分类

AMD CPU是由AMD公司(Advanced Micro Devices 的简称，也称超微半导体)生产的，其价格低廉，性能强劲，受到很多普通家庭用户和娱乐用户的青睐。

AMD CPU也面向不同的用户群推出了不同类型的CPU系列，其主要有Sempron(闪龙)、Athlon(速龙)和Phenom(羿龙)3个系列。

AMD Sempron(闪龙)系列

AMD CPU的Sempron(闪龙)系列主要面向低端市场，其价格低廉，竞争对手主要是Intel的赛扬系列CPU。如图1-27所示为AMD闪龙CPU。

图1-27　AMD闪龙CPU

 AMD Athlon(速龙)系列

AMD Athlon(速龙)系列CPU主要面向中低端用户，具有更出色的多任务处理能力，大幅度提升了办公效率。如图1-28所示为AMD速龙CPU。

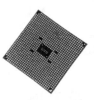

图1-28　AMD速龙CPU

 AMD Phenom(羿龙)系列

AMD Phenom(羿龙)系列CPU主要面向中高端用户，具有出色的主频、更好的功耗控制和更强劲的性能。如图1-29所示为AMD羿龙CPU。

图1-29　AMD羿龙CPU

1.3.2　主频、倍频与外频

在购买CPU时，主频是用户最关心的一个性能参数，而主频的高低与倍频系数和外频又是密切相关的，其具体意义如图1-30所示。

学习目标　了解CPU的主频、倍频与外频参数
难度指数　★★

主频

主频也叫核心频率，是衡量CPU性能的一个重要参数，其标准单位是MHz(兆赫兹)，但目前市场中的CPU主频都达到了GHz(千兆赫兹)级别。需要注意的是，不同类型的CPU，主频的高低并不能完全代表性能的强弱。

倍频

倍频也称倍频系数，是主频与外频之间存在的一个比例，该系数必须是0.5的整数倍。倍频与CPU的整体性能关系并不大，虽然可以提高CPU本身的运行速度，但不能提高CPU与其他设备通信的速度。

外频

外频是CPU的基准频率，其单位也是MHz，它是决定CPU主频的主要因素。在某些主板搭配某些CPU的情况下，可以通过调整外频来提高CPU的主频。

图1-30　CPU的主频、倍频与外频参数

1.3.3　前端总线频率

前端总线(Front Side Bus)简称FSB，CPU就是通过前端总线连接到北桥芯片上，进而实现与内存、显卡等设备交换数据的，它在电脑系统中的位置如图1-31所示。

学习目标　熟悉前端总线在电脑系统中的位置
难度指数　★★

个人电脑上的前端总线频率

随着科技的不断发展，CPU的前端总线频率在不断提高。目前市场中的前端总线频率有400MHz、533MHz、800MHz、1066MHz、1333MHz、1600MHz、2080MHz等几种。

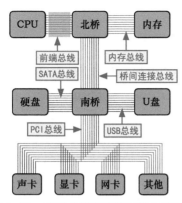

图1-31　前端总线在电脑系统中的位置

字长和位

在电脑技术采用的是二进制代码，只有"0"和"1"两种。无论"0"还是"1"，在CPU中都代表1位。

CPU在单位时间内能一次处理的二进制数的位数，叫字长。根据一次处理的字长数量，CPU分为32位和64位两种。目前市场上的主流CPU都是64位CPU，兼容32位操作系统。

1.3.4　缓存

缓存是CPU处理数据时，待处理数据的临时存放位置，是为了缓解CPU的运算速度与内存数据传输速度的差距而设立的一个中间存储位置，也是决定CPU性能的一个重要指标。

缓存集成在CPU内部，根据其速度等级分为多个级别，一级缓存几乎与CPU同频率工作，二级缓存次之。在某些类型的CPU中，还集成了容量相对较大的三级缓存。各级缓存介绍如图1-32所示。

学习目标　认识各级缓存
难度指数　★★

一级缓存(L1 Cache)

CPU的第一层高速缓冲存储器，读写速度非常快，一般和CPU同频率工作。其结构复杂，在有限的CPU空间中无法将其制作得很大。普通CPU的一级缓存一般在32~512KB左右。

二级缓存(L2 Cache)

有内部和外部之分。内部二级缓存运行速度与CPU主频相同，外部二级缓存运行速度为CPU主频的一半，普通CPU的二级缓存在512KB~6MB之间。

三级缓存(L3 Cache)

运行速度接近前端总线速度，对CPU性能影响不大，但在处理大型数据时，可减少内存的延时，达到加快程序运行速度的目的。

图1-32　不同级别的缓存

1.3.5　内部核心类型

核心又称为内核，是CPU最重要的组成部分。CPU中心那块隆起的芯片就是核心，是由单晶硅以一定的生产工艺制造出来的，CPU所有的计算、接收/存储命令、处理数据都由核心执行。

1. Intel CPU核心类型

Intel公司一直是电脑行业的龙头老大，其生产的CPU类型很多，一般个人电脑中常见的CPU核心有如下几种。

学习目标　认识常见的Intel CPU核心类型
难度指数　★★

Wolfdale核心

Wolfdale核心采用45nm制造工艺，是65nm Core核心的升级版，支持最高前端总线为1333MHz。

Conroe核心

Conroe核心采用65nm制造工艺，核心电压约为1.3V，接口为传统的Socket 775，前端总线有1066MHz和1333MHz两种，该核心CPU具有流水线级数少、执行效率高、性能强大、功耗低等优点。

 Ivy Bridge核心

Ivy Bridge核心于2012年4月推出，与上一代Sandy Bridge相比，此核心结合了22nm与3D晶体管技术，在提高晶体管密度的同时，次核芯显卡等部分性能提高了很多，主要用于高端的Core i7和中端的Core i5处理器上。

 Sandy Bridge核心

Sandy Bridge是Intel公司于2010年推出的CPU核心类型，采用32nm制程，二级缓存仍为512KB，三级缓存扩大到16MB，并且加入了game instruction AVX技术，使得CPU在进行矩阵计算的时候比SSE技术快90%，目前仍为个人电脑市场中的主流核心类型。

 Haswell核心

目前Intel最新的核心，在高端Core i7、中端Core i5/Core i3和低端奔腾、赛扬和Atom凌动CPU中都可以见到，台式机的i7处理器不集成显卡(移动版的集成GT3系列显卡)，中端i5集成GT2系列显卡，i3及奔腾、赛扬和凌动CPU集成GT1系列显卡。此核心CPU采用LGA1150插座，使用22nm制程。

 Allendale核心

与Conroe核心同时发布的桌面平台双核心处理器核心类型。采用65nm制造工艺和传统的Socket 775接口类型，相对于Conroe核心而言，其二级缓存由16路64Byte缩减到8路64Byte。

 Westmere核心

Westmere核心面向服务器、工作站和高端桌面电脑，其CPU采用32nm制造工艺，除了拥有6个核心外，还拥有12MB的三级缓存，也支持多线程技术。

2. AMD CPU核心类型

AMD公司的CPU虽然起步比Intel处理器晚，但其独特的数据处理方式和在3D图形方面的强大功能，使其在CPU市场上占有很大份额，普通个人电脑中常见的CPU核心有如下几种。

 学习目标　认识常见的AMD CPU核心类型
难度指数　★★

 SanDiego核心

SanDiego核心由Wincheste核心演变而来，大部分性能与Wincheste核心处理器相同，但其采用的是Dual Stress Liner技术，大大加快了CPU的响应速度。

 Wincheste核心

Wincheste核心采用90nm制造工艺，核心电压1.5V左右，二级缓存为512KB，外频为200MHz，支持1G HypeTransprot总线，集成双通道内存控制器。

Palermo核心

Palermo核心主要应用于AMD闪龙处理器，采用90nm制作工艺，使用Socket 754接口，工作电压约为1.4V，二级缓存约256KB，外频为200MHz，支持64位运算，还具备了EVP、Cool N'Quiet和HyperTransport等AMD独有的技术，使该内核的处理器具有更低的发热量和更高的性能。

 Brisbane核心

Brisbane核心是AMD于2006年推出的首款65nm核心，采用940针脚，设计功率为65W，默认前端总线1000MHz，外频200MHz。

 Regor核心

Regor核心是AMD于2009年推出的一种CPU核心，单个核心独享128KB一级缓存和1MB二级缓存，但没有三级缓存。核心功率为65W，支持AM3接口。

 Deneb核心

Deneb核心发布于2009年1月，用于AMD Phenom II X4 系列CPU，插槽类型为Socket AM2+/AM3，主频最高能达到3.4GHz。

 Llano核心

Llano是AMD较新的CPU核心，采用32nm工艺，设计功耗为2.5～25W，工作电压0.8～1.3V，集成高性能核心显卡。

 Piledriver核心

Piledriver核心是改进的32nm工艺SOI HKMG制程，内建双通道DDR3内存控制器，支持DDR3-800～2133的内存，接口仍采用Socket AM3+插座。

 Bulldozer核心

Bulldozer(推土机)核心由2011年推出，其单模块中包含两个核心，有独立的一级和二级缓存，共用三级缓存，采用Socket AM3+接口。

 **1.4 主板：电脑的神经中枢**

小白： 既然CPU是电脑的核心，那么它是通过什么与其他电脑硬件建立连接的？

阿智： 任何硬件想要建立连接，都必须通过主板进行，主板相当于电脑的"神经中枢"，各种外设、板卡、CPU、存储器等都要接在主板上。

在台式电脑中，CPU是安装在主板上的，而其他设备要接收CPU的指令，也必须直接或间接连接到主板上，因此主板可以视为电脑硬件系统的连接中枢。

1.4.1 主板的架构

在购买电脑主板时，可以看到一部分主板较大，还有一部分主板要相对小一些，这是由主板的架构决定的。不同架构的主板，其大小都有统一标准。

如图1-33所示，左边的主板明显比右边的主板要长一些。

图1-33　不同架构的主板

学习目标　认识主板的多种架构类型
难度指数　★★

 标准ATX架构

标准ATX架构俗称大板，其内存槽的位置是垂直摆放的，具有3个以上的扩展插槽，主板各部件排列较为稀松，散热效果相对较好，PCB板尺寸为30.5cm×24.5cm。如图1-34所示为标准ATX架构的主板。

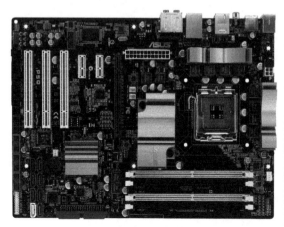

图1-34　标准ATX架构的主板

Micro ATX架构

Micro ATX架构是ATX架构的简化版，俗称小板。相对于标准ATX架构主板而言，其扩展槽数量缩减到3个以内，各部件排列紧凑，PCB板尺寸约为24.5cm×24.5cm。如图1-35所示为Micro ATX架构的主板。

图1-35　Micro ATX架构的主板

BTX 架构

BTX是Intel提出的新型主板架构，其大小与ATX架构相同，但它将内存槽转向90°，对高频率内存的散热效果更好，部分主板已取消了传统的PS/2接口。如图1-36所示为BTX架构的主板。

图1-36　BTX 架构的主板

1.4.2　主板的功能模块

主板是由多种功能模块集合在一起构成的，除几大基本功能模块之外，在有些主板上还添加了一些可以实现特殊功能的模块。

学习目标	认识主板上的各种常见功能模块
难度指数	★★

CPU插槽

CPU插槽用于安装CPU，插槽的类型决定了该主板可以安装的CPU类型。Intel系列CPU的插槽由拉杆控制一个金属片来向下压稳CPU，而AMD系列CPU的插槽由拉杆控制一个带凹槽的卡板来卡住CPU。如图1-37所示为CPU插槽。

图1-37　CPU插槽

CPU供电模块

CPU供电模块是CPU能否稳定运行以及是否安全超频的关键。经常提及的几相供电就是指CPU供电模块有几个回路，标准的单相供电是由两个电容、两个场效应管、一个电感线圈组成的。如图1-38所示为CPU供电模块。

图1-38　CPU供电模块

识别CPU供电模块的方法

随着主板制作工艺的不断改进和电脑整体性能的提高，现在的主板已经很难通过数回路的方法来确定是几相供电，并且很多主板还在场效应管上加了散热片，更难看清。此时可通过数电感线圈（图1-38中的方块）来大致确定CPU的供电相数。

内存插槽

内存插槽在主板上非常显眼，ATX和BTX架构主板通常有4条，而MicroATX架构主板通常只有两条。如图1-39所示为内存插槽效果。

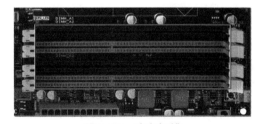

图1-39　内存插槽

IDE插槽

用于连接IDE硬盘、光驱等设备，一般具有两排共19支针脚。由于其传输速度有限，现在很多主板已经取消了该接口。如图1-40所示为IDE插槽效果。

图1-40　IDE插槽

显卡插槽

无论主板是否集成显卡，都会提供至少一个独立显卡插槽。目前的主要显卡插槽为PCIE×16，早期的APG插槽在新主板上已经很难再见到了。如图1-41所示为显卡插槽效果。

图1-41　显卡插槽

PCI插槽

PCI插槽是基于PCI局部总线接口的扩展插槽，其外观与PCIE×16插槽相似，但没有尾部的卡扣，传输速度也不及PCIE×16，多用于连接扩展声卡、网卡等设备。如图1-42所示为PCI插槽效果。

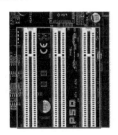

图1-42　PCI插槽

SATA接口

SATA接口是IDE接口的替换品，用于连接SATA硬盘及SATA光驱等储存设备，具有比IDE接口更高的传输速率。如图1-43所示为SATA接口。

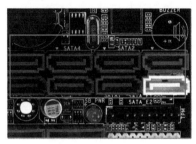

图1-43　SATA接口

北桥芯片

北桥芯片离CPU插座较近，主要负责直接与CPU通信，并控制内存、显卡、PCI设备等与CPU之间的数据传输。如图1-44所示为北桥芯片。

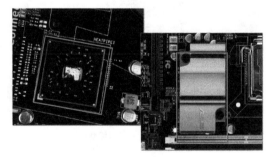

图1-44　北桥芯片

南桥芯片

南桥芯片主要负责和IDE、PCI、声音、网络以及其他I/O设备的沟通，并通过专用的数据通道与北桥芯片相连。如图1-45所示为南桥芯片。

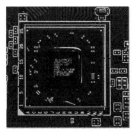

图1-45 南桥芯片

南桥芯片的位置

南桥芯片一般位于主板上离CPU插槽较远的下方，PCI插槽的附近。由于其数据处理量不是很大，在某些主板上并没有为其添加散热片。

 BIOS芯片

BIOS芯片是主板上不可缺少的一部分，它保存着整个电脑硬件与软件的衔接程序，并负责系统的启动检测。同一块主板可能同时具有两个BIOS芯片。如图1-46所示为BIOS芯片。

图1-46 BIOS芯片

 CMOS电池

CMOS是储存BIOS设置的一个程序，并提供BIOS识别到的系统硬件信息和系统时间，由一颗纽扣电池供电以维持信息的保存。如图1-47所示为CMOS电池。

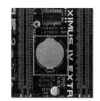

图1-47 CMOS电池

声卡和网卡芯片

声卡负责将电脑处理后的声音通过扬声器输出或接收麦克风输入的声音进行处理，网卡负责连接互联网，这两个部件基本上是现在主板的标准配置。如图1-48所示为声卡和网卡芯片。

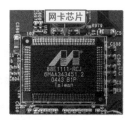

图1-48 声卡和网卡芯片

前面板控制排针

前面板控制排针是将主板与机箱面板上的各按钮和状态指示灯连接在一起的一些脚，如电源按钮、重启按钮、电源指示灯、硬盘指示灯等。如图1-49所示为前面板控制排针。

图1-49 前面板控制排针

前置USB接口

　　在主机箱前面板上通常会预留几个USB接口以方便使用，它们是通过主板上的前置USB接口连接到主板上的。如图1-50所示为前置USB接口。

图1-50　前置USB接口

 前置音频接口

　　为了操作方便，在主机箱上也会预留一个耳机和麦克风接口，它们也是通过主板上的前置音频接口连接到主机箱上的。如图1-51所示为前置音频接口。

图1-51　前置音频接口

 长知识

认识主板背面板上的各种接口

　　主板背面板上的接口有很多，如图1-52所示。不同品牌和不同型号的主板提供的接口可能都不一样，只有了解各接口的功能才能正确地连接各部件。

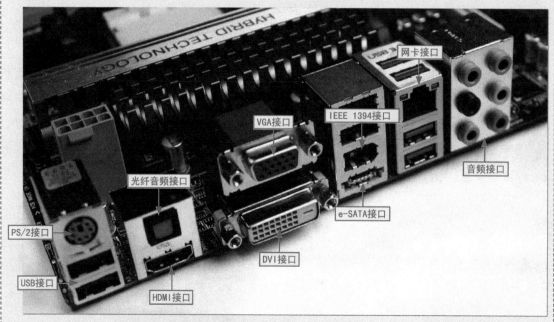

图1-52　主板背面板上的各种接口

1.4.3　主板的性能参数

主板的芯片组决定了主板的性能，也决定了主板支持的CPU类型。

1. Intel系列芯片组

Intel系列芯片组支持Intel CPU，目前市场可见的芯片组如图1-53所示。

学习目标　了解目前市面上可见的Intel系列芯片组
难度指数　★★

Z87 / H87

CPU插槽	LGA 1150
内存类型	支持DDR3
显示芯片	支持集成显示芯片
显卡插槽	PCI-E 3.0标准
多显卡技术	SLI和CrossFireX
USB接口	支持8个USB 2.0接口，6个USB 3.0接口
SATA接口	6个SATA III接口
RAID等级	Raid 0，1，5，10

H77/Q75/Q77/Z75

CPU插槽	LGA 1155
内存类型	支持DDR3
显示芯片	支持集成显示芯片
显卡插槽	PCI-E 3.0标准
多显卡技术	SLI和CrossFireX
USB接口	支持10个USB 2.0接口，4个USB 3.0接口
SATA接口	支持4个SATA II，2个SATA III接口
RAID等级	Raid 0，1，5，10

H61

CPU插槽	LGA 1155
内存类型	支持DDR3
显示芯片	支持集成显示芯片
显卡插槽	PCI-E 3.0标准
多显卡技术	SLI和CrossFireX
USB接口	支持10个USB 2.0接口
SATA接口	4个SATA II接口
RAID等级	不支持

图1-53　目前市面上可见的Intel系列芯片组

2. AMD系列芯片组

AMD系列芯片组目前在售的有7、8、9和Hudson 4个系列，每个系列又有多种型号的组合，如图1-54所示为常见的AMD系列芯片组。

学习目标　了解常见的AMD系列芯片组
难度指数　★★

760G

CPU插槽	Socket AM3+/AM3
内存类型	支持DDR3
显示芯片	支持集成显示芯片
显卡插槽	支持PCI Express 2.0 x16
多显卡技术	支持Hybrid Graphics
USB接口	支持12个USB 2.0接口
SATA接口	支持6个SATA II接口
RAID等级	Raid 0，1，5，10

780G/785G

CPU插槽	SocketAM2/AM2+/AM3
内存类型	支持DDR2/DDR3
显示芯片	支持集成显示芯片
显卡插槽	支持PCI Express 2.0 x16
多显卡技术	不支持
USB接口	支持12个USB 2.0接口
SATA接口	支持6个SATA II接口
RAID等级	Raid 0，1，5，10

H61

CPU插槽	FM2
内存类型	支持DDR3
显示芯片	支持集成显示芯片
显卡插槽	支持PCI Express 3.0 x16
多显卡技术	支持
USB接口	支持4个USB 3.0接口，10个USB 2.0接口
SATA接口	支持8个SATA 6Gb/s接口
RAID等级	Raid 0，1，5，10

990FX/990X/970

CPU插槽	Socket AM3+/AM3
内存类型	支持DDR3
显示芯片	支持集成显示芯片
显卡插槽	支持PCI Express 2.0 x16
多显卡技术	支持
USB接口	支持14个USB 2.0接口
SATA接口	支持6个SATA III接口
RAID等级	Raid 0，1，5，10

图1-54　常见的AMD系列芯片组

1.5 内存：数据的中转站

小白：在购买电脑时，销售人员总是和我说电脑的内存有8G，性价比很高，内存到底是什么？

阿智：内存就相当于电脑的"数据中转站"，它是主板上的存储部件，CPU直接与它进行数据交换，并用其存储数据。在内存中存储的是当前正在使用的数据和程序。

内存在整个电脑系统中起临时存放数据和指令的作用，是除CPU内部缓存外，速度最快的存储设备，CPU所需要的一切数据均通过内存进行中转。

1.5.1 内存的分类

内存一般可以按外观大小和接口类型进行分类。

1. 按外观大小分类

内存根据其外观大小和使用的设备，可以分为台式机内存和笔记本内存两种，如图1-55所示。

学习目标	认识不同外观大小的内存
难度指数	★★

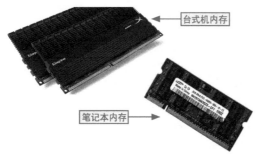

图1-55　台式机内存和笔记本内存

2. 按接口类型分类

内存按其接口类型(金手指数和缺口的位置)不同，可分为SDR、DDR、DDR2和DDR3这4种规格。

学习目标	认识SDR、DDR、DDR2和DDR3
难度指数	★★

SDR内存

SDR内存是SDRAM内存的第一代，工作电压为3.3V，金手指数为168线，常见的频率有100MHz和133MHz两种。最明显的是其金手指一侧具有两个缺口，现在市场上已找不到这种规格的内存。如图1-56所示为SDR内存。

图1-56　SDR内存

DDR内存

DDR内存是SDRAM系列的第二代，工作电压为2.5V，金手指数为184线，缺口左侧有52线，右侧40线。数据读写频率有266MHz、333MHz和400MHz三种。如图1-57所示为DDR内存。

图1-57 DDR内存

DDR2内存

DDR2是SDRAM系列的第三代，工作电压为1.8V，金手指数为240线，其缺口左侧64线，右侧56线，常见频率有533MHz、667MHz和800MHz 三种。如图1-58所示为DDR2内存。

图1-58 DDR2内存

DDR3内存

DDR3是SDRAM系列的第四代，工作电压为1.5V，金手指数为240线，其缺口左侧48线，右侧72线。常见频率有800MHz、1066MHz、1333MHz、1600MHz和2100MHz五种。如图1-59所示为DDR3内存。

图1-59 DDR3内存

笔记本DDR内存

笔记本内存主要有 DDR2 和 DDR3 两种，如图 1-60 所示。DDR2 内存金手指数为 200 线，缺口左侧 20 线，右侧 80 线；DDR3 内存的金手指数增加到 204 线，缺口左侧 36 线，右侧 66 线。

图1-60 笔记本DDR内存

1.5.2 内存的主要性能参数

内存在使用过程中出现故障的概率很小，但其性能也会对整个电脑系统性能产生很大影响，其主要性能参数如图1-61所示。

学习目标 了解内存的各种性能参数
难度指数 ★★

内存频率
内存与CPU一样，也有自己额定的工作频率，人们习惯用它来表示内存的速度，常说的DDR3-1600中的"1600"就是内存的额定工作频率。

内存模块
指在一个电路板上镶嵌着多个DRAM记忆体芯片形成的一个功能组。芯片的数量和单个芯片的容量是影响内存性能的重要因素。

PCB板
指内存的印刷电路板，一般采用6层或4层的玻璃纤维做成。6层板相对较厚，但可免除噪声的干扰，工作效能极佳，总体上要好于4层板。

CL值
也称CAS延迟值，可以反映出内存在收到CPU数据读取指令后，到正式开始读取数据所需的等待时间。在内存频率相同的情况下，CL值越小越好。

ECC
这是内存使用的一种错误校验技术，采用这种技术的内存能在数据出错的时候及时检测数据出错的位置并进行纠正，保证系统稳定运行。

SPD
这是集成在内存PCB板上的一个EEPROM芯片，用于保存内存的相关信息，如内存大小、工作电压、行/列地址数量、位宽以及CL值等。

图1-61 内存的主要性能参数

1.6 外存：数据存放仓库

小白：既然内存可以用于存储数据，那么我可不可以将经常使用的数据都存储到内存上？

阿智：当然不可以，一旦关闭电源或发生断电，内存上存储的数据和程序都会消失。对于需要长期使用的数据，可以将其保存到硬盘上或者其他外部存储器上。下面就来介绍常见的外部存储器。

内存中的数据在断电后会立即消失，而电脑在使用过程中却可以长时间保存很多数据，这些数据都是保存在电脑的"外存"(外部存储器)中的，这些数据在电脑系统正常的情况下可以长时间甚至永久保存。

1.6.1 常见的外部存储器

通常所说的外部存储器包括硬盘、光盘、U盘、移动硬盘等。其中，硬盘的存储容量最大，是电脑系统中必不可少的外部存储器；U盘的储存容量最小。

> **学习目标** 认识常见的外部存储器
> **难度指数** ★★

硬盘

硬盘是电脑系统中主要的外部储存器，存储容量大，数据读写速度快，日常使用中的绝大部分资料和文件都存放在硬盘中，电脑的操作系统也是安装在硬盘中的。如图1-62所示为硬盘。

图1-62　硬盘

光盘

光盘常作为数据备份介质使用，其容量为700MB～100GB，需要借助带记录功能的光驱才能向其中写入数据，也需要通过支持该类型光盘的光驱才能从里面读取数据。如图1-63所示为光盘和光驱。

图1-63　光盘和光驱

U盘

U盘是移动式快速储存工具，也称为闪存盘，容量从几十MB到几十GB不等，通过电脑的USB接口可以随意读写数据。其价格便宜，携带方便，是少量数据备份的理想工具。如图1-64所示为U盘。

图1-64　U盘

学习目标　认识台式电脑和笔记本电脑中的硬盘

难度指数　★★

台式机硬盘

台式机使用的硬盘的尺寸为3.5英寸，长度约14.7cm，宽度约10.1cm，厚度在2.0~2.6cm，转速大多数为7200转/分钟。如图1-66所示为台式机硬盘。

移动硬盘

移动硬盘是以硬盘为存储介质，用于计算机之间交换大容量数据，强调便携性的存储产品。移动硬盘多采用USB、IEEE 1394等传输速度较快的接口，可以以较高的速度与系统进行数据传输。如图1-65所示为移动硬盘。

图1-66　台式机硬盘

笔记本硬盘

笔记本使用的硬盘的尺寸为2.5英寸，长度约10cm，宽度约70cm，厚度有0.7cm和0.95cm两种，转速大多为5400转/分钟，也有部分硬盘转速为7200转/分钟。如图1-67所示为笔记本硬盘。

图1-65　移动硬盘

1.6.2　硬盘的分类

硬盘一般可以按使用对象、接口类型和存储方式进行分类。

1. 按使用对象分类

硬盘主要应用于台式电脑和笔记本电脑中，这两种电脑使用的硬盘大小尺寸(仅指硬盘的长和宽，高度在台式电脑硬盘中并不重要)是不一样的。

图1-67　笔记本硬盘

2.按接口类型分类

硬盘都需要连接到主板上以供数据读写。根据接口类型不同，硬盘可分为IDE硬盘和SATA硬盘两种。

学习目标　认识IDE硬盘和SATA硬盘
难度指数　★★

IDE硬盘

IDE硬盘也称为并口硬盘，采用较宽的80Pin数据线，数据并行传输，但由于技术限制，其传输速度不可能再提高，现已基本被淘汰。如图1-68所示为IDE硬盘。

图1-68　IDE硬盘

SATA硬盘

SATA硬盘即是使用SATA(Serial ATA)接口的硬盘，又叫作串口硬盘，其数据接口较窄，但理论传输速度相对于IDE硬盘要快很多。如图1-69所示为SATA硬盘。

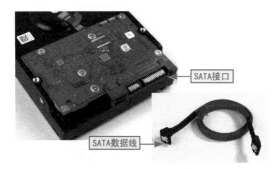

图1-69　SATA硬盘

3.按存储方式分类

硬盘按存储方式可分为传统的机械硬盘与新型的固态硬盘。随着电脑数据读写速度要求越来越高，固态硬盘正在逐步抢占机械硬盘的市场。

学习目标　了解机械硬盘与新型的固态硬盘
难度指数　★★

机械硬盘

机械硬盘即是传统普通硬盘，主要由盘片、磁头、盘片转轴及控制电机、磁头控制器、数据转换器、接口、缓存等几个部分组成。如图1-70所示为机械硬盘。

图1-70　机械硬盘

固态硬盘

固态硬盘即固态电子存储阵列硬盘，其主体是一块PCB板，在PCB板上是控制芯片、缓存芯片和用于存储数据的闪存芯片，其接口规范和定义、功能及使用方法与机械硬盘完全相同，外观尺寸也可以做得基本一样。如图1-71所示为固态硬盘。

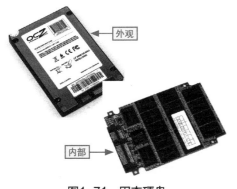

外观

内部

图1-71　固态硬盘

1.6.3　硬盘的性能参数

　　硬盘是电脑系统中数据的主要存储位置，硬盘的性能会影响电脑软件运行的速度和数据存储速度，也会对电脑系统的稳定性造成一定的影响。硬盘的主要性能参数如下。

学习目标 认识硬盘中的各种性能参数
难度指数 ★★

接口类型

　　目前市场上的台式机硬盘接口类型主要有SATA II和SATA III两种，虽然在外观上是一样的，但SATA III接口的理论传输速度比SATA II高1倍。

转速

　　转速是指硬盘主轴马达的运转速度。在其他参数相同的情况下，转速越高的硬盘性能越好，但发热量也相应较高，目前台式机硬盘的转速一般为7200转/分钟，笔记本硬盘转速一般为5400转/分钟，而有些服务器专用的硬盘转速高达10000转/分钟或15000转/分钟。

容量

　　硬盘容量可以直观地反映出一个硬盘能存储多少数据，硬盘容量通常以GB为单位，市场在售的新硬盘容量最低为320GB。随着硬盘容量越来越大，现在的硬盘通常都以TB(1TB=1024GB)为单位，个人电脑硬盘目前最大为4TB。

单碟容量

　　机械硬盘中数据存储的位置是在盘片上，一个硬盘可以包含多张盘片，相同总容量的硬盘，单碟容量越大，其盘片上的磁道数就越多，数据密度也就越高，盘片转动一周所能读取的数据也就越多，其性能也就越高。

缓存

　　由于硬盘的读写速度远小于内存的数据存取数据，因此设计了缓存来平衡两者之间的差距，目前主流硬盘的缓存有8MB、16MB、32MB、64MB等，缓存越大，硬盘的性能越高。

平均寻道时间

　　这是指硬盘在接收到系统指令后，磁头从开始移动到数据所在磁道共花费时间的平均值，在一定程度上反映了硬盘读取数据的能力，该时间以毫秒(ms)为单位，时间越小，硬盘性能越高。

小绝招　**固态硬盘的性能参数**

　　由于固态硬盘与机械硬盘采用不了不同的数据存储方式，影响其性能的主要参数就是主控芯片和NAND 颗粒。

1.7 电源：电脑的能源中心

小白：既然CPU、硬盘等都那么重要，电源是不是就没有那么多讲究，只需要能供电即可？

阿智：当然不是，虽然电源没有强大的运算、存储等功能，但它是电脑的"能源中心"，只有为主板及各硬件供电后，才能让它们正常运行。

电源在电脑的整个系统中看似不起眼，但它却是整个系统运行的保障，系统中所有设备的供电都是由电源提供的，电源稳定性直接影响系统运行的稳定性。

1.7.1 电脑电源的类型

电脑电源根据不同的标准也分为不同的种类，但目前市场上主流的电源都是采用同一个标准，或都兼容该标准。

学习目标 认识电脑的各种电源
难度指数 ★

AT电源

输出功率为150～220W，有+5V、-5V、+12V和-12V共4路输出，主要应用在早期的主板上。其标准尺寸为150mm×140mm×86mm，此类电源现已淘汰。如图1-72所示为AT电源。

图1-72　AT电源

EPS电源

EPS电源最初是专为服务器供电的，其主要特点是在主板供电模拟上采用了24Pin，CPU供电模拟上采用了8Pin，其外观和其他标准也与ATX电源相同。如图1-73所示为EPS电源。

图1-73　EPS电源

ATX电源

ATX电源是AT电源的升级版，比AT电源增加了+3.3V、+5VSB、PS-ON这3个输出，通过控制PS-ON信号电平的变化来控制电源的开关。如图1-74所示为ATX电源。

图1-74 ATX电源

ATX电源的不同版本

ATX 电源现在有多个版本，从 ATX 1.1、ATX 2.0 到现在最新的 ATX 12V 2.31 版，不同版本在输出电源和最大输入电流上有所区别。

BTX电源

BTX电源兼容了ATX技术，两者工作原理与内部结构基本相同，输出标准与目前的ATX 12V 2.0规范一样，主要是在原ATX规范的基础之上衍生出ATX 12V、CFX 12V、LFX 12V几种电源规格。如图1-75所示为BTX电源。

图1-75 BTX电源

 其他不常见电源

除了以上几种规则的电源外，还有一些并不常见的规则的电源，如WTX、SFX、CFX、LFX电源等，各种电源介绍如图1-76所示。

WTX电源

WTX电源介于服务器和家用机之间，供电能力也比ATX电源要强，常用于服务器和大型电脑。

SFX电源

SFX电源在兼容Micro ATX主板和ITX主板的小ITX机箱上可以看到，尺寸为145mm×125mm×78mm，属于Micro ATX电脑过渡到ITX电脑的一款电源。

CFX电源

CFX电源适用于系统总容量在10～15升的机箱，这种电源类型也属于小型电源的一种。

LFX电源

LFX电源体积比CFX电源更小，适用于系统总容量6～9升的机箱，有180W和200W两种规格。

图1-76 其他不常见电源

1.7.2 电源的性能参数

电源是整个电脑系统的动力来源，能稳定地提供足够的功率，是保障系统稳定运行的关键。决定电源性能的参数并不多，主要有如图1-77所示的几种。

学习目标 了解电源的主要性能参数
难度指数 ★★

输入电压

普通常用供电电压可能不稳定，电源能接收的输入电源范围越大，电源稳定性越好。

待机功耗

电源在关机但未切断供电时处于待机状态，待机功耗越低，电源越节能。

输出功率

电源提供了多种电压的输出，每一种电源输出的额定功能和最大功率，决定了电源能带动多少部件。如果电源输出功率不足，系统就不能正常运行。

输出过流保护

电源输出电流过大，可能造成电源散热不及时而引发安全问题，过流保护能在电流超过阈值时关闭电脑，保护电源和电脑系统的安全。

图1-77 电源的性能参数

1.8 机箱：电脑主机的外衣

小白：机箱作为保护各种电脑硬件的外壳，它的基本构造是怎么样的？

阿智：机箱虽然只是对电脑主机起保护作用，但它也有多种类型，每种类型的构造都比较复杂，下面详细介绍。

机箱是整个电脑主机的框架，它将电脑的各个部件合理地安排并组合在一起，在整理零乱的内部走线的同时，也能对机箱内部产生的辐射起到一定的阻挡作用。

1.8.1 机箱的类型

电脑机箱的功能基本上都是相同的，但市面上的机箱还是形形色色的，避开其外观不谈，机箱也可以分为很多类型。

学习目标	认识不同类型的机箱
难度指数	★★

立式机箱与卧式机箱

立式机箱与卧式机箱的外形基本相同，只是面板上各接口标识的字体方向及光驱位置不同。多数人均采用立式机箱，而卧式机箱常见于品牌机型中。如图1-78所示为立式机箱与卧式机箱。

图1-78　立式机箱与卧式机箱

ATX机箱

ATX机箱是在ATX主板规范下衍生出来的，一般采用立式结构，将I/O接口统一转移到宽的一边做成"背板"，并规定CPU散热的空气必须外排。此机箱目前仍是最流的机箱类型，如图1-79所示。

图1-79　ATX机箱

Micro ATX机箱

Micro ATX机箱是在ATX机箱的基础之上发展来的，比ATX机箱体积要小一些，不能兼容标准ATX主板。如图1-80所示为Micro ATX机箱。

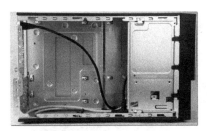

图1-80　Micro ATX机箱

图1-82　后面板散热风扇位

1.8.2　机箱的一般结构

无论是立式机箱还是卧式机箱，其基本结构都大同小异，如图1-81所示为标准ATX机箱的基本结构。

图1-81　标准ATX机箱的基本结构

学习目标	认识标准ATX机箱的基本结构
难度指数	★★

后面板散热风扇位

为安装机箱散热风扇预留的通风口，可安装12英寸的散热风扇，辅助机箱散热(某些机箱在顶部、前面板等处也会预留该位置)。如图1-82所示为后面板散热风扇位。

电源固定位

用于安装PC电源，ATX机箱可安装ATX标准电源，也兼容BTX电源(部分机箱将此位置移到了机箱底部)。如图1-83所示为电源固定位。

图1-83　电源固定位

5英寸固定架

用于安装光驱等5英寸的设备，一般的机箱都预留了可安装2～5个这种设备的框架。如图1-84所示为5英寸固定架。

图1-84　5英寸固定架

机箱螺丝

与机箱配套的一些小螺丝配件，用于连接主板螺丝孔，固定主板和电源，如图1-85所示。

图1-85　机箱螺丝

3英寸固定架

用于安装硬盘、软驱等设备，通常也预留了3～5个这样的固定架(部分机箱将硬盘安装在底部，并未预留这样的框架)。如图1-86所示为3英寸固定架。

图1-86　3英寸固定架

前面板

通常为一块塑料板，带有电源和重启等控制按钮、电源指示灯和硬盘指示灯，以及前置USB接口和前置音频接口等，如图1-87所示。

图1-87　前面板

底板

用于固定主板的一块金属板，上面有很多螺丝孔，如图1-88所示。

图1-88　底板

前面板连接线

用于将机箱前面板上的各按钮、指示灯以及接口连接到主板上，每个线的插头上通常都标有该线的类型，方便用户连接，如图1-89所示。

图1-89　前面板连接线

侧挡板

机箱两侧分别有两块金属挡板，为方便机箱内部部件的安装，可以拆卸，如图1-90所示。

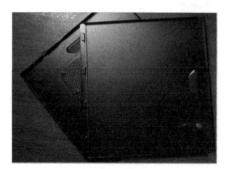

图1-90　侧挡板

 **扩展卡位**

为独立显卡或其他PCI扩展卡预留的接口位置，通常由金属条挡住，需要安装相应的扩展卡时，将金属条取下。如图1-91所示为扩展卡位。

图1-91　扩展卡位

1.9　输入设备：指令接收设备

小白：若要往电脑中输入相关数据，需要使用什么设备来实现？

阿智：前面介绍的都是电脑主机的设备，而想要输入数据，则需要使用指令接收设备，也就是输入设备来实现。最常见的输入设备就是鼠标和键盘，下面就来介绍。

电脑通过各种软件的运作可以完成很多事情，但如果没有人的操作，电脑是不会自动进行任何动作的。而要电脑知道人希望它做什么，就得靠输入设备。

1.9.1　键盘

键盘是最主要的输入设备之一，字符和代码的输入基本上都是通过键盘来完成的，通过各种快捷键，也可以完成电脑的基本操作。键盘根据不同的标准，也可以分为不同的种类。

学习目标　认识不同种类的键盘
难度指数　★★

 普通键盘

普通键盘不具有任何特色功能，仅用于对电脑进行常规操作，按键数量常见的有102键和104键两种。如图1-92所示为普通

键盘。

图1-92　普通键盘

 PS/2键盘和USB键盘

按连接线的接口类型分类，键盘可以分为PS/2键盘和USB键盘两种。其中，PS/2键盘是通用键盘，兼容性比USB键盘好；USB键盘多用于笔记本电脑或没有提供PS/2接口的台式电脑上。如图1-93所示为PS/2键盘和USB键盘。

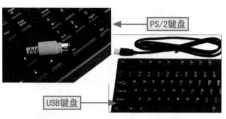

图1-93　PS/2键盘和USB键盘

无线键盘

除两种传统的键盘外，还有不带连接线的无线键盘，此类键盘可通过蓝牙或红外线连接，但通常都会带有一个对应的适配器，通过 USB 接口连接到主机。

多媒体键盘

多媒体键盘与普通键盘相似，只是增加了几个按键，可以快速打开电子邮件程序、浏览器、音乐播放器，也可以进行音量调节、音乐切换等。如图1-94所示为多媒体键盘。

图1-94　多媒体键盘

游戏键盘

游戏键盘是专为游戏爱好者设计的，除了具有普通键盘的功能外，还有一些特殊按键，可供用户自己编程定义其功能。如图1-95所示为游戏键盘。

图1-95　游戏键盘

伪游戏键盘

有些普通键盘将玩游戏常用的几个按键做成不同颜色，冒充游戏键盘。

1.9.2 鼠标

鼠标是操作系统中最重要的输入工具之一，可以定位显示器的纵横坐标，以简单的拖动、点击来代替烦琐的键盘操作。

学习目标　认识不同种类的鼠标
难度指数　★

机械鼠标

机械鼠标靠装在辊柱端部的光栅信号传感器产生的光电脉冲信号反映出鼠标器在垂直和水平方向的变化，再通过程序的处理和转换来控制屏幕上光标箭头的移动。如图1-96所示为机械鼠标。

图1-96　机械鼠标

光机鼠标

光机鼠标克服了机械鼠标精度不高、结构容易磨损的弊端，引入了光学技术来提高鼠标的定位精度，但从外观上看，它与机械鼠标基本相同。如图1-97所示为光机鼠标。

图1-97　光机鼠标

光电鼠标

光电鼠标没有传统的滚球、转轴等设计，其主要部件为两个发光二极管、感光芯片和控制芯片，是纯数字化的鼠标。如图1-98所示为光电鼠标。

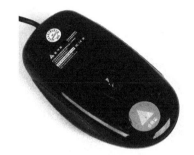

图1-98　光电鼠标

光学鼠标

光学鼠标通过底部的LED灯，以约30°角射向桌面产生阴影，然后再通过平面的折射透过另外一块透镜反馈到传感器上来实现光标的定位与移动。如图1-99所示为光学鼠标。

图1-99　光学鼠标

1.9.3　其他常见输入设备

除了键盘和鼠标两种必备的输入设备外，还可以选配一些其他输入设备，让电脑可以实现更多功能。

学习目标　了解其他输入设备的具体作用
难度指数　★

扫描仪

扫描仪利用光电技术和数字处理技术，以扫描方式将图形或图像信息转换为数字信号输入到电脑中。家庭用户使用较少，但单位用户使用该设备的情况就比较多，其通常是USB接口。如图1-100所示为扫描仪。

图1-100　扫描仪

麦克风

麦克风是电脑的主要音频输入设备，可以将声音信号转换为电脑能识别和处理的电信号。大多数麦克风与耳机连在一起，独立的麦克风效果更好。如图1-101所示为麦克风。

图1-101　麦克风

摄像头

摄像头是电脑的主要视频输入设备，可用于拍照、视频会议、视频聊天、远程示范等。摄像头的像素和图像传感器是决定其画面是否清晰的主要因素。如图1-102所示为摄像头。

图1-102　摄像头

1.10 输出设备：结果展示设备

阿智：考考你，知道电脑中的数据或其他信息通过什么设备来输出吗？

小白：这么简单的问题难不倒我，不就是通过电脑显示器进行显示嘛。

阿智：显示器是一个最重要的输出设备，但是还有很多其他输出设备，如音响、耳机等，下面就带你来认识一下。

在电脑系统中处理的都是一些数字信号，而这些信息人是根本看不懂的。电脑的输出设备就是将其处理后的信息，以人能看懂的方式输出。

1.10.1 显示器

显示器是电脑的必要输出设备，通过显示器可以看到电脑处理的结果。

1. 显示器的分类

显示器主要可分两大类，分别是纯平显示器和液晶显示器两大类。

学习目标　认识纯平显示器和液晶显示器
难度指数　★

 纯平显示器

纯平显示器也称CRT显示器，是一种使用阴极射线管的显示器，主要由电子枪、偏转线圈、荫罩、荧光粉层及玻璃外壳组成。其体积大，耗电高，现在已基本被淘汰。如

图1-103所示为纯平显示器。

图1-103　纯平显示器

 液晶显示器

液晶显示器也称LCD显示器，是目前个人电脑的主要显示器。它由一定数量的彩色像素组成，放置于光源或者反射面前方，以电流刺激液晶分子产生点、线、面配合背部灯管构成画面。如图1-104所示为液晶显示器。

图1-104　液晶显示器

2. 显示器的接口类型

显示器通过数据线连接到主机的显示接口上，才能将主机处理的信息显示到显示器上，而显示器上的接口可能根据其定位有所不同。

学习目标 认识不同显示器接口类型
难度指数 ★

DVI接口

DVI接口也称数字视频接口，基于TMDS技术来传输数字信号，可以用低成本的专用电缆实现长距离、高质量的数字信号传输。由于DVI接口不经过数模转换，其图像质量非常高。如图1-105所示为DVI接口的显示器。

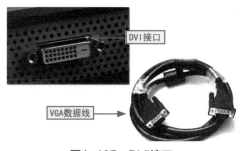

图1-105　DVI接口

D-SUB接口

D-SUB也叫VGA接口，传输的是模拟图像信号，是一般显示器的通用接口。如图1-106所示为D-SUB接口的显示器。

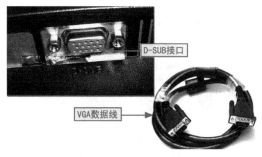

图1-106　D-SUB接口

HDMI接口

HDMI接口是适合影像传输的专用型数字化接口，可同时传送音频和影音信号，最高数据传输速度为5Gbps，常见于一些高清电视或高端显示器上。如图1-107所示为HDMI接口的显示器。

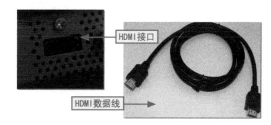

图1-107　HDMI接口

1.10.2　音箱和耳机

音箱是电脑主要的音频输出设备，只有通过音箱才能将电脑处理好的音频信息输出为人耳可以听到的声音。如图1-108所示为常见的音箱。

耳机也是一种比较常用的音频输出设备，通常配电脑时，经销商送的音频输出设备都为耳机。常见耳机如图1-109所示。

学习目标 了解音箱和耳机的作用
难度指数 ★

图1-108　音箱

图1-109　耳机

给你支招 ｜ 主板没有南桥会影响性能吗

小白： 主板芯片组通常都由北桥和南桥组成，但在某些Micro ATX主板上却没有发现南桥芯片。这对主板性能有影响吗？

阿智： 主板的北桥芯片主要负责与CPU、内存和南桥芯片通信，而南桥芯片主要负责与总线设备通信，但在某些主板中将南北桥芯片进行了合并，这样增加了主板集成度，降低了成本，提高了南北桥通信速度，但芯片的散热提高了，需要更高的散热能力。这种结构常见于一些高端主板上。

给你支招 ｜ CMOS 电池的作用是什么

小白： 主板上可以看到一个很大的纽扣电池，如果不小心将这个电池弄掉了，电脑系统还能正常运行吗？

阿智： 主板上的纽扣电池称为CMOS电池，该电池负责为BIOS芯片供电，保存CMOS参数设置。如果该电池掉了，CMOS信息将会丢失，导致系统时间丢失，以及一些用户自定义设置恢复出厂状态。如果不安装回电池，电脑无法启动。但如果重新安装回电池，并重新设置CMOS信息，电脑系统不会受任何影响。

Chapter

02

手把手教你选电脑

学习目标

　　想要自己组装电脑，首先需要对电脑硬件系统中的各组成部分进行选购，也就是配置电脑。选购电脑硬件与选购其他产品一样，都有一定"门道"，而选购电脑硬件会有更高的要求。本章主要介绍如何选购电脑硬件，帮助读者更加轻松地选购到最适合自己的电脑。

本章要点

- 根据实际需求选购CPU
- 选择适合的主板
- 根据使用情况选购内存
- 选择合适的硬盘
- 显示器的选购

......

- 根据需要选择显卡
- 机箱选购不能盲目
- 电源选购也很重要
- 京东商城自助装机
- 太平洋电脑网自助装机

......

知识要点	学习时间	学习难度
选购电脑硬件	60 分钟	★★★
网络快速装机	40 分钟	★★★

2.1 选购 CPU、主板与内存

阿智： 在组装电脑购买CPU、主板与内存时，你会如何进行选择呢？

小白： 当然是越贵的就越好了，难道还有什么讲究不可？

阿智： 当然有，虽然确实越贵的性能就越高，但是我们必须选择适合自己的电脑硬件，要将性价比放在第一位，还要防范自己被"坑"。其实掌握一些选购CPU、主板与内存的技巧很有必要。

在整个电脑系统中，CPU、主板与内存是非常重要的三大部件，并且这三大部件必须相互兼容才可以组装成一台电脑。

2.1.1 根据实际需求选购CPU

其实，对选购CPU来说，在满足实际需求的同时没有性能过剩的CPU才是好CPU。因此，选购CPU的前提是根据实际需求进行选择。

1. 确定使用平台

一个系统平台主要是由CPU决定，现在DIY电脑通常只有Intel平台和AMD平台两种选择。在购买电脑时，首先要确定自己使用的是Intel的CPU还是AMD的CPU，可以参考如下几个方面进行选择。

 学习目标 了解根据平台特点确定使用哪个品牌的CPU
 难度指数 ★

浮点运算能力

浮点运算能力对游戏应用和三维处理影响较大，Intel CPU一般只有两个浮点执行单元，而AMD CPU一般设计了三个并行的浮点执行单元。在同档次的CPU中，AMD的浮点运算能力比Intel的略强。

 多媒体指令集

Intel和AMD分别使用SSE3和3D NOW!多媒体指令集。目前很多软件都针对Intel的SSE3指令集进行了优化，因此，在多媒体软件和平面处理软件中，Intel的CPU较AMD更有优势。

 价格方面

买电脑不得不考虑总体成本，相比之下，Intel CPU在高端市场中占有绝对优势，而中低端市场中，同档次的CPU，AMD CPU的性价比完胜Intel的CPU，这就需要用户根据自己的情况来决定。

2. 明确自己的需求

在选购CPU之前，首先明确自己的真实需求，然后把自己的需求和各系列CPU的优缺点结合起来选择。AMD CPU和Intel CPU的优缺点简单概括如图2-1所示。

为影响电脑整体性能的瓶颈。

了解Intel CPU与AMD CPU的优劣势
难度指数　★

Intel的CPU在商业应用、多媒体应用、平面设计方面有优势，其高端产品性能卓越，且价格昂贵，但其低端产品性能一般。

Intel CPU特点

AMD CPU特点

AMD的CPU在三维制作、游戏应用、视频处理等方面相比同档次的Intel的CPU有优势，并且AMD的CPU在超频性能上要强于Intel的CPU。

图2-1　Intel CPU与AMD CPU的优劣势

3. 选购CPU的八大误区

购买CPU的价格会占整个电脑系统很大一部分比重，而选购CPU时也不能盲目，应避免步入CPU选购误区。

了解CPU选购的常见误区
难度指数　★★

过度迷信某品牌

Intel的广告效果做得不错，而AMD基本不做广告，导致很多人觉得Intel必定比AMD要好，在选购CPU的时候一定要选择Intel的CPU。须知在多年的竞争中，AMD仍然占据着半壁江山，而没有被淘汰，必然有它的过人之处，如同档次CPU，其性价比要高于Intel。

追求单部件的高性能

很多人认为CPU的性能越高，就意味着电脑的整体性能越高。但并不是一味地追求CPU的高性能，就能提高系统的整体性能。需知道，电脑的整体性能还同时受主板芯片组、内存大小和速度、硬盘读写速度以及显卡性能的影响，其中任意一个部件都可能成

选CPU只看核心数

现在的CPU一般都是多核心的，很多人在选购CPU时只看其核心数，认为核心越多，性能就越高，忽略了CPU的其他性能指标。需知影响CPU性能的还有其品牌、架构、线程数、频率、缓存等。如4核4线程的AMD Athlon Ⅱ X4 645 CPU，性能还低于双核4线程的Intel Core i3 540。

选CPU只看主频

通常说CPU主频越高，CPU性能就越强，这是在CPU的其他参数都相同的情况下才成立，因此不能将它作为唯一判断CPU性能的标准。须知同样主频为2.1GHz，4核4线程的CPU的运算速度是双核4线程CPU运算速度的2倍。

TDP热设计功耗等于实际功耗

TDP热设计功耗是指CPU达到最大负荷时释放出的热量，它主要是散热器厂商的参考标准，因为不同的TDP热设计功耗对散热器的要求是不一样的。CPU的实际功耗应按照物理学上的功率算法，用公式"功率=电流×电压"来计算。

Intel CPU一定比AMD CPU稳定

很多人会认为Intel的CPU比AMD的CPU稳定，其实这并不是绝对的。AMD的很多CPU可以通过超频来提高性能，而Intel的CPU很难超

频，这就使得长时间在超负荷运转下的AMD CPU有了"不稳定"和"发热高"的评价。

CPU内置的显卡没用

最开始很多人抗拒CPU内置GPU显卡，直到现在还有不少用户有这样的观点，认为这样做增加了成本，消费者要买单，性能也很弱，仍需要购买独立显卡。其实CPU集成GPU降低了购机成本，对不玩大型3D游戏的用户而言，无须购买独立显卡，CPU内置的显卡即可满足要求。

商家包超频、包开核的一定稳定

免费提升CPU性能最常见的方法是"超频"，AMD方面除了超频的还有"开核"。当然，由于CPU差异，无论超频还是开核，都不一定稳定，于是很多商家打出包开核、包超频的字样来吸引用户。商家包超频、包开核的CPU，虽然经过商家测试，但都只是简单地跑一下软件，并不能保证100%稳定。

2.1.2 选择适合的主板

在选购主板之前，大多数用户已经确定了计算机的档次，也可以说确定了所使用的CPU。当然，选购主板和选购CPU一样，都需要确定使用Intel系列，还是AMD系列，因为各自的插槽存在着一些差异。

1. 主板选择的常规方法

主板是一台电脑的连接核心，电脑的所有硬件都直接或间接地连接到主板上。主板上也带有很多芯片元件，它们共同决定了这台电脑能支持什么样CPU、内存、硬盘等，其选购的一般流程如图2-2所示。

学习目标	了解主板选购的一般流程
难度指数	★

1 确定平台
根据确定好的CPU来决定选择哪个平台的主板，再在其子类别下选择要使用的芯片组。

2 明确需求
决定使用平台后，还需要考虑自己的实际需求，这台电脑主要做什么，对主板有哪些要求等。

3 缩小范围
确定产品需求以后，可以从主板品牌、主板预算资金等方面来缩小选择范围。

4 比较优劣
不同品牌的相同价位或同品牌的不同批次性能都可能有区别，需要从各方面比较选择。

图2-2　主板选购的一般流程

2. 确定使用平台

这里的平台主要是指根据CPU来确定主板中CPU插槽类型，两大平台的主流系列如图2-3所示。

Intel系列

插槽类型	代表芯片组	支持CPU类型
LGA775	G31/G41/P43/P45	奔腾E系列；赛扬E系列
LGA1150	H81/H87/Z87	四代i3/i5/i7；奔腾G系列
LGA1155	H61/H67/P67/B75/H77/H81/Z77	二代i3/i5/i7；三代i3/i5/i7；奔腾；赛扬
LGA2011	X79	三代i7；四代i7

AMD系列

插槽类型	代表芯片组	支持CPU类型
AM3	770/780/785/790/870/880/890/970	羿龙Ⅱ X6/X4/X3/X2；速龙Ⅱ X4/X3/X2
AM3+	870/880/970/A45	FX6000系列；FX-8000系列
FM1	A55/A75	A4/A6/A8系列
FM2	A55/A75/A85X	A4/A6/A8/A10系列

图2-3　两大平台常见的CPU系列

学习目标　认识CPU插槽的相关参数
难度指数　★★

3. 缩小选择范围

确定使用的芯片组以后，可根据产品定位再次缩小选择范围，这就需要了解一些品牌主板的命名规则，如图2-4所示。

学习目标　了解三大主流品牌主板的命名规则
难度指数　★★

华硕主板

华硕主板在行业中的口碑一向很好，其产品可分为玩家系列和非玩家系列。玩家系列命名规则由高到低为Extreme/Formula/Gene；非玩家系列命名规则由高到低依次为Deluxe/EVO/Pro/无后缀/LE。

技嘉主板

技嘉主板是与华硕主板齐名的一线品牌，其产品通过型号的最后一位数字基本可以判断其定位。通常数字越大，定位越高，旗舰产品一般是UD9、UD7，而主流型号则为UD3、UD2之类。

微星主板

微星主板的型号最后两位通常是数字，通过该数字大概可以判断其定位。如Z68A-GD80，通常80就是最高级，下面会有70、65、55等，主流市场一般是45、43、35之类。

图2-4　三大品牌主板命名规则

4. 产品优劣势比较

要比较不同主板产品的优劣性，可以从以下几个方面入手。

学习目标　学会从不同方面比较主板的优劣性
难度指数　★★

CPU插座

CPU插座质量的好坏关系到CPU是否能正常稳定地运行，甚至关系到CPU的"生命

安全"，如图2-5所示。

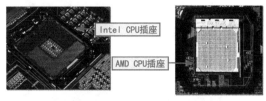

图2-5　两大品牌的CPU插座

CPU供电系统

越多的供电相数，需要越好的场效晶体管和电感线圈配合，否则其发热量反而可能导致系统不稳定。所以供电相数以能满足需求为准，如图2-6所示。

图2-6　CPU的供电模块

扩展插槽

应从需求出发考虑，如是否会使用多张独立显卡交火，是否有可能使用PCI扩展卡，是否需要PCIE-x1插槽等。如要使用多显卡交火，还要考虑主板是否支持SLI或CrossFire；要使用其他扩展卡，要考虑在安装显卡后是否还适合安装需要的扩展卡等，如图2-7所示。

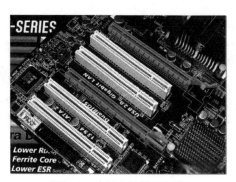

图2-7　主板上的扩展插槽

 内存插槽

内存插槽并不是影响系统性能的关键，选择时主要看以后是否升级以及是否要组装双通道，一般4条内存插槽完全够用，如图2-8所示。

图2-8　主板的内存插槽

 SATA接口

SATA接口有2.0和3.0两种标准，两者理论传输速度相差1倍，如图2-9所示。SATA接口的数量和类型受主板芯片组限制。

图2-9　主板上的SATA接口

背部I/O接口

根据按需选择的原则，要考虑显示器接口是否有与显卡匹配的接口，是否提供USB 3.0接口，是否有PS/2接口等，如图2-10所示。

图2-10　主板背部的各种接口

主板整体布局

标准ATX主板上各元件排列通常较为稀疏，有利于散热；同时主板排针的位置，也会影响整个机箱的走线，如图2-11所示。

图2-11　某主板的整体布局

2.1.3　根据使用情况选购内存

选购内存与选购CPU一样，要根据需要进行选择，花高价买过大的内存，是比较明显的浪费。

1. 确定使用内存的种类

目前台式机内存基本都为DDR3，但也有不同的频率可供选择，需要根据所选的CPU及主板来确定使用哪种内存，如图2-12所示。

在其他条件相同时，频率越高的内存，其速度也就越快。

学习目标 掌握如何选择内存
难度指数 ★★

DDR3 1333内存

DDR3 1600内存

图2-12 不同频率的内存

小绝招

内存的频率判断

有些品牌内存的频率未明确写出，而是以"PC3-××"的形式呈现，将这个数值除以8，即可得到一个与内存频率相近的数值，如"PC3-12800"代表的是DDR3 1600MHz的内存。

2. 根据使用需求确定内存大小

内存的大小与系统运行速度有很大关联，在其他条件均相同的情况下，内存越大，系统运行速度越快。如图2-13所示为两种不同大小和类型的内存。

学习目标 对内存的大小进行确定
难度指数 ★★

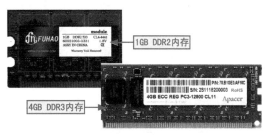

1GB DDR2内存

4GB DDR3内存

图2-13 不同大小和类型的内存

3. 根据时价确定使用的内存数

内存总大小可以由两条相同的内存组合得到，通常相同容量的内存，单条价格会低于多条的价格，可以根据当时的价格选择，如图2-14所示为金士顿套条。

学习目标 学会根据需要选择内存的组合
难度指数 ★★

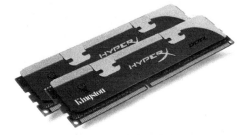

图2-14 金士顿套条

2.2 选购硬盘与显示器

小白：选购了最重要的几种硬件后，硬盘和显示器是不是可以随意选择，不用过于花心思？

阿智：当然不是，硬盘的好坏决定数据的读取速度；显示器虽然没有硬盘那么重要，但若不想视力变差，就选择一款好一点的显示器。

硬盘作为存储设备，对电脑的性能有一定的影响。显示器是必备的输出设备，也是每次使用电脑必须面对的一个设备。选择好的显示器不仅可以得到最佳的显示效果，还能最好地保护视力。

2.2.1 选择合适的硬盘

选购硬盘主要是看硬盘接口、缓存容量和价格3个参数，一般来说前两项对选购的影响比较大。当前两项参数都得到确认后，最终需要考虑的才是价格问题。

1. 考虑硬盘接口

硬盘接口是硬盘与电脑其他部件交换数据的出入口，接口类型必须与主板上硬盘接口类型兼容，尽量选择与主板接口相同的硬盘。如图2-15所示为SATA接口硬盘。

硬盘如图2-15所示为SATA接口硬盘。

学习目标	学会根据主板接口选择硬盘
难度指数	★★

图2-15　SATA接口硬盘

2. 选择大容量缓存

硬盘缓存大小对电脑性能的影响主要体现在大型程序的运行、大量数据的拷贝过程中。

目前，台式电脑中传统硬盘的缓存有16MB、32MB和64MB几种，如图2-16所示。而固态硬盘缓存最高已达512MB。在其他条件相同的情况下，缓存越高，硬盘性能越好。

学习目标	明确硬盘缓存的作用
难度指数	★★

1000GB	硬盘容量	1000GB
台式机	适用类型	台式机
SATA3.0	接口类型	SATA3.0
7200rpm	转速	7200rpm
32MB	缓存	64MB
6Gb/秒	接口速率	6Gb/秒
3.5英寸	硬盘尺寸	3.5英寸

图2-16　硬盘缓存大小

3. 根据预算考虑使用何种硬盘

目前主流硬盘有传统机械硬盘和固态硬盘，后者的读写速度是前者望尘莫及的，但其价格也非常昂贵。如果预算允许，可考虑传统硬盘加固态硬盘的组合形式，前者用于存放数据，后者用于安装系统。如图2-17所示为SATA固态硬盘。

学习目标	学会根据预算选择硬盘类型
难度指数	★★

图2-17　SATA固态硬盘

2.2.2 显示器的选购

显示器是属于电脑的I/O设备，是一种将一定的电子文件通过特定的传输设备显示到屏幕上再反射到人眼的显示工具。

1. 显示器类型

显示器除了可以分为两大类外，还可以细分为3小类，分别是CRT、LCD和LED，其中CRT显示器已被淘汰，而LCD和LED显示器各有优缺点，如图2-18所示。

学习目标 了解LCD和LED显示器
难度指数 ★★

LCD显示器
目前大多数电脑的显示器基本都是LCD显示器。与早期的CRT显示器相比，其优点是重量轻、功耗低，缺点是色彩相对较差，但对一般用户来说基本无影响。

LED显示器
其外观与LCD显示器基本相同，它的优点是功耗更低，寿命更长，亮度更高。缺点是色彩较差，点距较大，通常将它作为LCD显示的背光源。

图2-18 LCD显示器和LED显示器的主要区别

2. 显示器接口

目前的LCD显示器有VGA、DVI、HDMI等三种常见接口。不同接口在外形和速度上都不同，如图2-19所示。用户可在兼容显卡的输出接口上，选择传输速度最快的接口。

学习目标 根据情况选择合适的显示器接口
难度指数 ★★

VGA接口
传统的模拟信号接口，价格低廉和兼容性好是其显著优点，一般显示器都会带有这个接口，传输速度较慢。

DVI接口
有DVI-A、DVI-D和DVI-I三种规格，后两种还有单双通道之分。不同的规格，传输速度与支持的显示器最大分辨率也有所不同。

HDMI接口
高清音画同步接口，带宽可达5GB/S，最高支持1920×1200逐行扫描分辨率，常见于一些娱乐型的高端显示器上。

图2-19 三种主流显示器接口对比

3. 分辨率

分辨率是指显示器可显示像素的高宽比，如常见的标准为1024×768、1366×768、1440×900、1920×1080等。在系统中可以看到显示器支持的所有分辨率，如图2-20所示。

学习目标 学会根据需要选择显示器的分辨率
难度指数 ★★

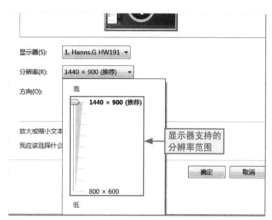

图2-20 显示器支持的分辨率

4. 液晶面板

液晶面板是除了具体设计和做工以外最直接影响画质的硬件因素，目前市场上液晶面板主要有如下几种。

学习目标 了解液晶显示器使用的各种液晶面板
难度指数 ★★

TN面板

最普遍也是最廉价的一种面板，具备低功耗、低成本、响应时间低等"三低"优势。由于其位数过低、灰阶和对比度过差，造成了显示色彩不够鲜艳。此外，TN面板的可视角度也很差，基本上只有正对面板才能看清楚。

VA面板

具备超高对比度和高亮度，画面暗部的细节、文本锐利度都很出色，色域很广、亮度均匀性不错，一般用于比较高端的显示器。其缺点是响应时间较长，且色温的一致性不好容易偏色；灰阶虽然效果好但是不够连贯，容易产生色块。

 IPS面板

IPS面板因为屏幕硬度高俗称硬屏，非常好的色彩还原和可视角度，色域、灰阶过渡能力、通透性和亮度都还不错。其最明显的缺点是漏光控制不佳，对比度不好容易造成暗部细节不佳，色彩饱和度不足容易造成颜色不容易区分。

 PLS面板

PLS面板是三星推出的与IPS屏幕相似的屏，其优点在于响应时间、亮度和色域都不错。其不足也是很明显的，该面板色彩还原一般，颜色均衡性很差。

 OLED面板

OLED面板有AMOLED和PMOLED两种。AMOLED不需要背光源，对比度和色域非常高，轻松突破100%。PMOLED又称被动式有机电激发光二极管，对动态图像的响应速度非常快，而且可以做到很大面积，但其耗电也相对较高。

5. 其他可考虑参数

在购买显示器时，还可以考虑如图2-21所示的几项参数。

学习目标 了解显示器的其他参数
难度指数 ★★

响应时间

是指颜色过渡发生的时间，单位是毫秒(ms)，其值越小越好，一般显示器在2ms内为佳。

色域

能产生颜色的总和，或者说显示器能够覆盖多少图谱以显示多少颜色，参数值越高，表示显示色彩越多。

色温

纯黑色吸收热量的光色温度的度量，一般的显示器都具备色温调节功能，通常有9300K、6500K、5000K等档可选。

色彩还原

表示图像的失真率，该参数越小越好。ΔE小于6时很难看出区别，ΔE大于25时就会呈现出另一种颜色。

亮度

是指显示器显示画面的明亮程度，理论上来说是亮度越高越好，LCD显示器的亮度通常在250～300cd/m² 之间比较合适。

对比度

是指最高亮度和最低亮度的光通量比值，对比度越高，画面越清晰。LCD显示器中对比度分静态对比度和动态对比度两种，一般显示器静态对比度在1000：1～2000：1之间。

图2-21　显示器选购的其他参数

静态对比度与动态对比度

在LCD的参数中，有静态对比度和动态对比度两种。静态对比度是指纯白和纯黑时的光通对比，是典型性能参数。动态对比度一般是整体屏幕最低的亮度与最高的亮度的比值。在显示器参数中看到高达几十万甚至上亿的对比度，都是指动态对比度，没有其他实际的意义。

2.3　选购显卡、机箱和电源

阿智： 会影响电脑性能的主要硬件都选购好了，你知道还要选购什么吗？

小白： 还需要显卡对吗？

阿智： 对，不过最重要的电源被你漏掉了。没有电源供电，电脑就算组装好了也无法运行起来。

　　显卡在某些平台上是可选配件，按需选择就行。机箱是整个电脑主板的框架，对电脑性能没有影响。但电源却是电脑的动力系统，关系到系统能否稳定运行。

2.3.1　根据需要选择显卡

　　显卡的性能直接影响到视觉效果，选择一款适合的显卡对用户来说很重要，特别是对显卡要求特别高的用户，如专业的图形设计人员、游戏发烧友等。

1. 只有部分用户需要独立显卡

　　一般的家庭娱乐和办公，现在的集成显卡基本够用。很多CPU已整合了显示核心，其性能甚至强于低端独立显卡，如图2-22所示。

学习目标	学会根据实际需要对显卡进行选择
难度指数	★★

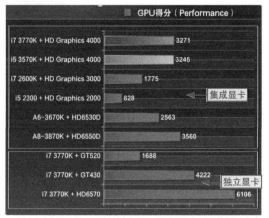

图2-22　不同显卡的游戏性能测试

2. 显卡性能与品牌无关

　　很多人在买显卡时指定要买某个品牌的。其实显卡的品牌并不会影响显卡的性能，同一个品牌都会做自己的高、中、低档显卡，关键还是要看显卡的技术指标，如图2-23所示。

学习目标	了解主流的显卡品牌
难度指数	★★

热门显卡排行榜		
1	七彩虹iGame 950 烈焰战神U-2	￥1199
2	索泰GTX 970 4GD5 至尊 Plus	￥2699
3	七彩虹iGame 970 烈焰战神U-4	￥2599
4	索泰GTX 980Ti-6GD5至尊OC	￥5499
5	微星GTX 970 GAMING 4G	￥2599
6	华硕STRIX-GTX 960-DC2OC-4GD	￥1899
7	影驰GTX 750Ti 大将	￥999
8	影驰GTX 970名人堂	￥2799

图2-23　中关村显卡品牌排行

3. 认清显卡的型号

　　市面上的独立显卡主要有ＡＭＤ和ＮＶＩＤＩＡ两大类，各自都有很多不同的型号，很多网站也做了两大类显卡的型号"天梯图"供用户参考，如图2-24所示。

学习目标	了解两大主流显卡体系的系列性能
难度指数	★

图2-24　显卡天梯图

4.读懂显卡参数

显卡在整个带显示核心的电脑中虽然是个可选参数，但如果选购独立显卡，那么它的价格所占的比例将不会低于CPU。显卡的主要参数如下。

学习目标	了解选购显卡时需要掌握的一些重要参数
难度指数	★★

架构

显卡的架构主要是指显示核心GPU的架构。与CPU相同，GPU的架构决定了它的制程工艺和基本的图形处理能力。

流处理器

流处理器的基本功能是处理由CPU传输过来的数据，转化为显示器可以辨识的数字信号。在同一平台的显卡中，流处理器数量越多，显卡性能越强。

光栅单元

光栅单元格主要负责画面中的光线和反射运算。画面中的AA(抗锯齿)和光影效果越厉害，对光栅单元的性能要求就越高，所以该参数越大越好。

制作工艺

与CPU制作工艺相似，在其他参数都相同的情况下，制作工艺越小，显卡的性能就越强。目前显卡的制作工艺有28nm和40nm两种。

核心频率

指显示核心的工作频率，相当于CPU的主频。在其他条件相同的情况下，核心频率越高，显卡的性能就越强。

显存位宽

显存位宽是指显存在一个时钟周期内所能传送数据的位数，位数越大，显卡的性能就越强。目前主流显卡有128位、256位、384位等。

显存容量

显存容量相当于电脑的内存容量，用于暂存经过GPU处理后的数据，决定着显存临时存储数据的多少。目前常见的有512MB、

1GB、2GB和4GB。

5. 认识显卡做工用料

用户在追求显卡性价比的同时，也不能忽略显卡的做工用料，这对显卡的稳定性和使用寿命还是有影响的。

学习目标	了解显卡做工的材料
难度指数	★★

显卡散热器用料

显卡是除CPU以外的主要发热大户，如果散热不好，会造成显示器花屏或死机。因此越是高端的显卡，散热器用料越讲究，如图2-25所示。

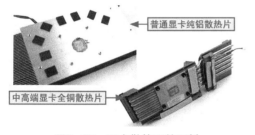

图2-25　显卡散热器的用料

供电模块用料

显卡的GPU具有很多供电模块，一般电脑的供电模块是根据电感线圈的数量来决定的。一些厂家利用两个线圈共用一组线路来提高电感线圈数，宣称将供电相数增大1倍，如图2-26所示。

图2-26　显卡供电模块的用料

显卡电容不能忽视

显卡上都有很多电容，固态电容的寿命和稳定性都要比液态电容好很多。现在的显卡都宣称全固态电容，但实际上并不是所有的显卡都用全固态电容，如图2-27所示。

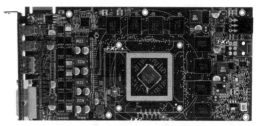

图2-27　全固态电容的显卡

判断是否是真固态电容

在一些显卡上会使用铝壳电容来冒充固态电容，这种电容在外观上与固态电容很相似，但它实际上只是传统的液态电容加了一层铝壳形成的，并不是真正的固态电容。在这种电容顶部通常能隐约见到液态电容的防爆纹，如图2-28所示。

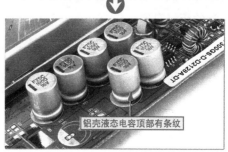

图2-28　固态电容与铝壳电容的区别

2.3.2 机箱选购不能盲目

机箱虽然不会对电脑性能产生直接影响，但也不能盲目选取，选择时须注意以下几个方面。

 孔多并不等于散热好

机箱内部各元件在工作时都可能发热，机箱的散热性能不好，可能会导致死机。但并不是机箱散热孔多，散热就好，如图2-29所示。

普通机箱散热孔　　游戏机箱散热孔

图2-29　普通机箱和游戏机箱散热孔

 板材厚度很重要

机箱要承载主机的所有硬件，如果板材厚度过薄，机箱很容易变形。如图2-30所示为某机箱的板材厚度。

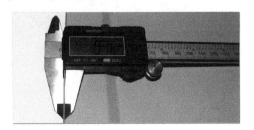

图2-30　0.76mm的板材

 硬盘方向影响散热

如果硬盘是横向放置的，机箱应该在顶部或底部设计散热孔。如果硬盘是水平放置的，机箱需要在前面板和后面设计散热孔，如图2-31所示。

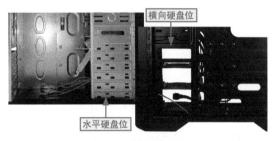

横向硬盘位

水平硬盘位

图2-31　不同方向的硬盘位

2.3.3 电源选购也很重要

电源负责整个电脑系统的供电。在选择电源时，不能为了控制整体成本而降低其要求，必须要适应当前的硬件要求。

 输出功率最重要

电源的输出功率必须要大于机箱内部所有部件的功率总和，并且这个功率必须是电源的额定功能，不是最大功率。用户可通过电源上的标签进行核算，如图2-32所示。

图2-32　电源输出说明

电源输出接口不可忽略

电源需要连接主板、硬盘、光驱等部件，由于各部件的接口类型可能不同，电源需要提供相应的接口，因此电源的输出接口不可忽略。如图2-33所示为某电源的输出接口。

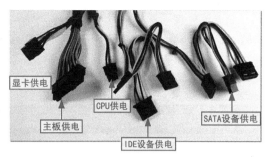

图2-33　某电源的输出接口

 **网络快速装机**

阿智：既然你知道了如何挑选电脑硬件，那么你知道如何控制价格吗？

小白：当然知道，就是到电脑市场中选择硬件，然后进行"砍价"。

阿智：虽然买电脑硬件与买其他东西一样，都可以"砍价"，但是"砍价"前需要了解市场行情，这样心里才有底气。而了解电脑硬件价格最好的方式就是在网上进行装机体验。

随着网络的发展，电脑硬件市场的价格也越来越透明，很多大型数码资讯网站都推出了模拟装机服务，让用户在网上选择各种配件模拟装机，初步估算整机价格。

2.4.1　京东商城自助装机

对买台式机的用户来说，自主装机是大部分人的选择，这样不仅可以找到适合自己的配置，还能清楚了解各个配件的价格，在京东商城就能实现这个需求。

1. 选择购买其他人的配置

京东上提供了一些其他人推荐的配置，用户可以根据自己的需求和预算选择相应的配置并进行性能评估，确定后可以实价购买，具体操作如下。

学习目标 能在京东商城选购其他人提供的配置
难度指数 ★★★

步骤01 进入京东商城首页面(http://www.jd.com/)，在"网站导航"下拉列表中，单击"装机大师"超链接，如图2-34所示。

图2-34　单击"装机大师"超链接

电脑组装、维护与故障排除（第2版）

步骤02 ❶单击"装机超市"超链接，❷在打开的页面中对需要的配置进行筛选，如图2-35所示。

图2-35　筛选配置

步骤03 将鼠标指针指向筛选出来的配置，会显示出该电脑的基本配置，单击"查看详细配置"按钮查看电脑的详细配置，如图2-36所示。

图2-36　单击"查看详细配置"按钮

步骤04 在打开的页面中即可查看到该组装电脑的具体配置，以及配置中各硬件的价格，如图2-37所示。

图2-37　查看详细配置

2. 自主选择配置购买

京东商城中的所有有货商品都可以按标注的价格购买，在DIY装机时可以自己选择所需的配件，购买后自己回来装机，选择配置操作如下。

学习目标	学会在京东商城自主选择配置
难度指数	★★★

步骤01 进入到京东商城的"装机大师"页面中，在导航区域中单击"自助装机"超链接，如图2-38所示。

图2-38　单击"自助装机"超链接

步骤02 在打开页面右上方对CPU的价格、品牌、系列、接口等进行筛选，如图2-39所示。

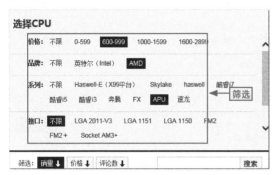

图2-39 选用CPU

步骤03 筛选出需要的配件后，单击配件对应栏的"选用"按钮，将其添加到左侧列表框中，如图2-40所示。

图2-40 选用配件

步骤04 用同样的方法选择其他配件，完成后单击下方的"加入购物车"按钮购买配件，如图2-41所示。

图2-41 购买配件

2.4.2 太平洋电脑网自助装机

太平洋电脑网是国内专业的IT门户网站，该网站中包含产品报价、DIY硬件、产业资讯、数码相机、手机、软件频道、下载中心等多个频道。

用户可以在该网站上查到全国各地商家对不同硬件的报价，并可自助选择装机配件进行模拟装机，具体操作如下。

学习目标 掌握在太平洋电脑网中自助装机的方法
难度指数 ★★★

步骤01 进入太平洋电脑网(www.pconline.com.cn)，在右上角单击"自助装机"超链接，如图2-42所示。

图2-42 单击"自动装机"超链接

步骤02 在打开页面右侧的"CPU筛选条件"栏中设置筛选的条件，如图2-43所示。

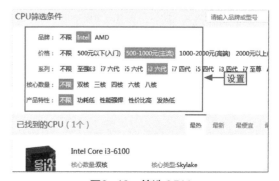

图2-43 筛选CPU

步骤03 在对CPU进行初步筛选后，在下方列表框中确认要使用的CPU型号，单击其右下角的"选用"按钮，如图2-44所示。

图2-44 选用CPU

步骤04 在选择好CPU后，返回页面上部，单击"主板"按钮，进入主板选择状态，如图2-45所示。

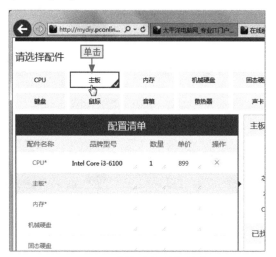

图2-45 进入主板选择状态

步骤05 在打开的页面中对主板的品牌、芯片组等条件进行筛选，如图2-46所示。

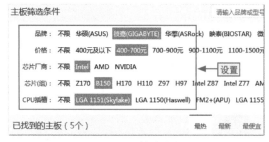

图2-46 筛选主板

步骤06 筛选出要使用的主板后，单击其右下角的"选用"按钮，如图2-47所示。

图2-47 选择要使用的主板

步骤07 以相同的方法选择其他主机硬件，此时在页面右侧的配置清单中可查看到选购的硬件，并可对配置进行调整，如图2-48所示。

图2-48 选择其他主机硬件

步骤08 调整完成后，在配置清单的最下方可查看到所有配件的总价格，如图2-49所示。

图2-49 查看最终的价格

给你支招 ｜ 如何对京东装机超市中的配置进行修改

小白： 在京东商城的装机超市页面中选择配置好的电脑后，但是对某些配置不是很满意，要如何进行修改呢？

阿智： 在相关电脑选项的"查看详情配置"页面底部，单击"修改配置"按钮即可对其进行修改。

步骤01 在京东商城的装机超市页面中，找到筛选出来的配置，单击"查看详细配置"按钮，如图2-50所示。

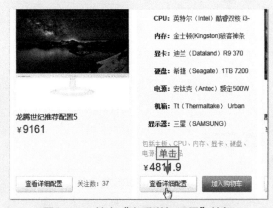

图2-50 单击"查看详细配置"按钮

步骤02 进入到详细配置页面中，单击页面底部的"修改配置"按钮，如图2-51所示。

图2-51 修改配置

步骤03 进入到自助装机页面，在"装机配置单"栏中可对配置进行修改，如单击"显卡"选项后的"删除"按钮，如图2-52所示。

图2-52 删除显卡

步骤04 保持"显卡"选项的选择状态，在页面右侧即可选用新的显卡，如图2-53所示。

图2-53 选用显卡

给你支招 ｜ 太平洋电脑网模拟装机配置单可否打印

小白： 在太平洋电脑网上利用自助装机功能选择了一套配置，想拿到电脑城对比购买，可以把配置清单打印出来吗？

阿智： 自己选配的电脑配置清单是可以打印出来的，只要电脑连接了可以正常打印的打印机即可，具体操作如下。

步骤01 选择完所有配件后，在页面中单击"预览方案"按钮，如图2-54所示。

图2-54 预览装机方案

步骤02 在打开的页面下方单击"打印配置清单"按钮即可，如图2-55所示。

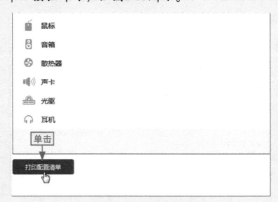

图2-55 打印配置清单

Chapter

03

轻松组装电脑

学习目标

　　一台电脑所需的基本部件选购完成后，就可以开始将这些部件装起来，从而使其成为一台完整的电脑，而连接电脑部件的过程就是电脑的组装过程。其实，电脑的组装并不复杂，但要正确地组装出一台电脑，不仅要做好装机前的准备，还要仔细地安装各个部件，这样才能确保组装好的电脑可以正常运行。

本章要点

- 准备好安装工具
- 检查配件是否齐全
- 装机中的注意事项
- 准备机箱
- 安装电源

......

- 在主板上安装CPU
- 在主板上安装内存
- 将主板安装到机箱中
- 安装硬盘和光驱
- 连接机箱内部的各种线缆

......

知识要点	学习时间	学习难度
做好安装前的准备工作	20分钟	★★
安装主机内部各部件	60分钟	★★★★
安装外部设备	30分钟	★★★

3.1 做好安装前的准备工作

阿智：小白，你的电脑配置完成了吗？

小白：配置完成了，正准备组装电脑，可是不知道该从哪儿下手。

阿智：不要着急，在组装之前还要做一些准备工作。只有做了充分的准备，才能顺利完成电脑的组装操作。

电脑硬件的组装是一个技术要求较强的工作，也是一个必须谨慎对待的事情，在安装前必须做充足的准备，以便顺利组装成功。

3.1.1 准备好安装工具

俗话说："工欲善其事，必先利其器"，要顺利完成电脑硬件的组装，需要准备好必需的工具。

通常情况下，组装电脑的工具非常简单，一把十字螺丝刀基本就够了。如有必要，还可备一把尖嘴钳。

> **学习目标** 了解组装电脑的工具
> **难度指数** ★

 螺丝刀

电脑主机中使用的螺丝通常都是十字螺丝，Intel CPU的散热器材可能会使用到一字螺丝刀。螺丝刀顶端尽量带有磁性，以方便手不好直接接触到的部位的螺丝安装，如图3-1所示。

图3-1 螺丝刀

 尖嘴钳

尖嘴钳是个可选工具，它主要用来安装主板固定螺母或拔插跳线，如图3-2所示。

图3-2 尖嘴钳

 小绝招

装机的常用工具

前面介绍的安装工具，是基本上都会使用到的。其实，在装机时还有许多其他常用工具会使用到，分别是镊子、万用表及盛放螺钉用的器皿等。

3.1.2 检查配件是否齐全

要顺利完成电脑的组装操作，在开始装机之前，还要保证所有配件都已准备好。

除上一章中介绍的电脑的硬件组成部分外，还需要检查机箱中提供的各种螺丝是否齐全，如图3-3所示。

学习目标　认识电脑机箱内部的部件
难度指数　★

图3-3　机箱内部必需的部件

3.1.3 装机中的注意事项

在装机之前，需要对其相应的注意事项进行了解，避免出现不必要的麻烦，如图3-4所示。

学习目标　了解装机过程中应该注意的事项
难度指数　★

装机之前应洗手或用手摸一摸水管等接地设备，释放身体上的静电后再进行操作，防止静电对电子器件造成损害，有条件的可佩戴防静电手套。

装机过程中不要连接电源线，严禁带电拔插，以免烧坏芯片和部件。

安装CPU和内存等部件时，应该注意方向。

连接主板IDE接口时，应该注意方向。

操作过程中用力要均匀，以免拉断一些较细的连线或损坏部件。

对各部件要做到轻拿轻放。

对于主板、光驱、硬盘等需要很多螺钉的硬件，应该先将其固定在机箱中，对称将螺钉拧上，再将螺钉对称拧紧。

在拧紧螺栓或螺母时，用力要适度，并在开始遇到阻力时便立即停止操作。过度拧紧螺栓或螺母可能会损坏主板或其他塑料部件。

图3-4　装机注意事项

3.2 安装主机内部各部件

阿智：你做好相关的装机准备了吗？

小白：当然，不管是电脑部件还是装机工具，都已经准备好了。

阿智：那么现在就开始安装电脑吧，首先需要安装主机内部的各个部件。

整个主机箱内部各部件的组装，是电脑硬件组装过程中最为复杂的一个步骤，同时也是必须要小心对待的一个步骤，应尽量按照如图3-5所示的顺序来安装。

图3-5　电脑硬件组装的一般顺序

3.2.1　准备机箱

在各配件都齐全的情况下，首先需要准备好机箱，包括安装主板固定螺丝、安装主板挡板两个步骤，具体操作如下。

🎯 **学习目标** 能够准备好用于固定电脑各部件的机箱
难度指数 ★★

步骤01 取下机箱两侧挡板，根据主板布局，在机箱中安装主板定位螺丝，如图3-6所示。

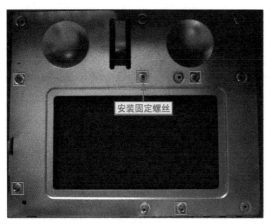

图3-6　安装主板定位螺丝

步骤02 将机箱背部原有的输出接口挡板卸下，将主板附赠的挡板安装在机箱上原挡板的位置，如图3-7所示。

图3-7　更换背部输出挡板

主板定位螺丝的安装

主板定位螺丝属于机箱的配件，通常为六棱柱形状。机箱为了兼容更多主板，会在底板上预留很多螺丝孔，用户可将主板拿到机箱上比对一下，看看主板的螺丝孔的位置，然后再在机箱底板上对应的位置安装好定位螺丝。

3.2.2　安装电源

电源可以在其他配件都安装到机箱中后再进行安装，也可以在未安装其他配件前安装到机箱中。根据机箱设计的不同，电源的安装位置也有所不同，普通机箱的电源安装方法如下。

学习目标 学会正确安装电脑电源
难度指数 ★★

步骤01 将电源中带标签的一面面向自己，然后从机箱内向外推入左上角的安装孔，如图3-8所示。

图3-8　放置电源

步骤02 在机箱背部用4颗机箱螺丝将电源固定好(不可过分用力)，如图3-9所示。

图3-9　固定电源

3.2.3　在主板上安装CPU

安装主板上的部件最好在机箱外进行，这样可以有更大操作空间。Intel和AMD的CPU安装方法有所不同，这里以安装Intel的CPU为例，具体操作如下。

学习目标 学会正确安装Intel的CPU
难度指数 ★★★

步骤01 主板水平放在防静电的隔板上，下压CPU插槽的拉杆，同时向外用力，将插槽的金属盖弹起，如图3-10所示。

图3-10　打开CPU盖板

步骤02 将CPU上的两个缺口对准插槽上的两个小梗，水平放入插槽中，使得缺口与插槽上的小梗完全吻合，如图3-11所示。

图3-11　放置CPU

安装Intel CPU

　　Intel 的 CPU 上只有密密麻麻的触点，而在插座上有与之对应的弹片，CPU 的某一个角上有一个金色的三角形，这是用于定位 CPU 安装方向的，必须与插槽上标有三角形的位置相对应，才能够保证 CPU 各触点与插槽的弹片对应。

步骤03 轻轻盖上CPU插槽的金属盖板，轻轻用力下压插槽的拉杆，同时向内用力，直接将拉杆卡入卡扣，如图3-12所示。

图3-12　固定CPU

步骤04 在CPU表面涂上适量导热膏，并轻轻涂抹均匀，以帮助CPU散热，如图3-13所示。

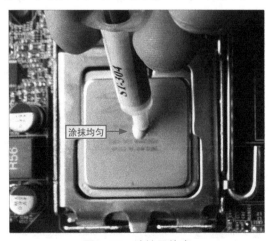

图3-13　涂抹导热膏

为CPU涂导热膏的作用

　　CPU 使用的导热膏通常是硅脂，一般的电脑店都可以买到，有些硅脂中会含有银粉，这种硅脂的散热效果要好一些。在 Intel 的盒装 CPU 上已经均匀涂抹了导热膏，它可以帮助 CPU 与散热器更好地接触，使 CPU 散热更好。

步骤05 取出散热风扇，用一字螺丝刀调整4个定位螺柱的方向，如图3-14所示。

图3-14　调整散热器定位螺柱的方向

步骤06 将散热器的4个定位螺柱对准主板上的定位孔，向下按螺柱顶部，直到听到"咔"声，然后再重新调定位螺柱的方向，如图3-15所示。

图3-15　固定散热器

安装散热器的注意事项

在安装 Intel CPU 散热器时，注意散热器要水平地放到CPU上，且与CPU接触后尽量不左右晃动。散热器的4个螺柱是塑料的，非常脆弱，切不可用蛮力。如果感觉不能轻松固定，可调整固定螺丝的方向后再试。

步骤07 在主板上找到标有CFAN字样的4针插座，将CPU风扇的电源插头按正确位置插入插座中，即可完成CPU的安装，如图3-16所示。

连接风扇电源

图3-16　安装CPU风扇

3.2.4　在主板上安装内存

内存的安装相对于CPU而言要简单很多，只需要对准插槽的位置即可，但在安装过程中也需要掌握一些技巧，具体安装方法如下。

学习目标 能够正确安装内存到主板
难度指数 ★★★

步骤01 选择要使用的内存插槽，将其两端的卡扣分别向左右水平掰开，注意用力不能

过大，如图3-17所示。

打开卡扣

图3-17　打开内存插槽的卡扣

步骤02 将内存上的缺口对准内存插槽上的小梗，将内存垂直放入内存插槽中，如图3-18所示。

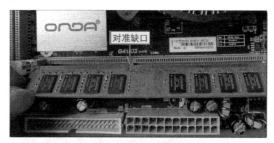

对准缺口

图3-18　放置内存

步骤03 双手同时均匀用力垂直向下压，直到两个卡扣自动回位卡住内存，如图3-19所示。

卡扣回位

图3-19　完成内存安装

内存插槽的选择

一般的主板上都会提供至少两条内存插槽。如果使用单条内存，尽量选择靠近CPU插座的插槽使用。如果使用两条内存，同样选择靠近CPU插座的一条插槽，另一条插槽尽量选择与前一插槽相同的颜色。

3.2.5 将主板安装到机箱中

在主板上安装好CPU与内存以后，就可以将主板安装到机箱中固定了，其安装方法如下(在此之前应检查机箱底板上是否有异物)。

学习目标 能够将主板正确固定到机箱中
难度指数 ★★★

步骤01 将主板放入到机箱内部，观察机箱背面的挡板，调整主板位置，直到主板上所有输出口对准挡板上的对应预留孔，如图3-20所示。

图3-20 调整主板位置

步骤02 调整主板，使其各螺丝也对准底板上的螺柱。保持位置不变，在各个定位上安装螺丝，如图3-21所示。

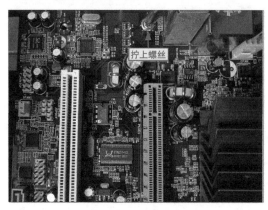

图3-21 固定主板

3.2.6 安装硬盘和光驱

硬盘的安装位置也与机箱的构造有关，光驱则要根据用户电脑的配置选择性安装，具体安装方法如下。

学习目标 学会将硬盘和光驱正确固定到机箱中
难度指数 ★★★

步骤01 机箱上通常都留有多个硬盘位置，根据需要选择要使用的位置，将硬盘水平插入硬盘安装位置中，将硬盘上的两个螺丝孔对准机箱上的两个螺丝孔，如图3-22所示。

图3-22 安装硬盘到硬盘位

步骤02 将随机箱赠送的硬盘螺丝分别放入螺丝孔并拧紧，如图3-23所示。

图3-23 固定硬盘

步骤03 在机箱另一侧硬盘对应的位置也拧上硬盘螺丝，使硬盘更加稳固，如图3-24所示。

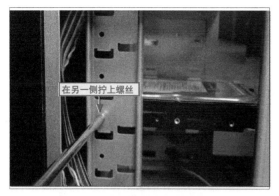

图3-24　在硬盘另一侧拧上螺丝

步骤04 根据机箱的构造选择要安装光驱的位置，取下光驱位的挡板，如图3-25所示。

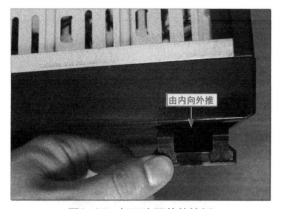

图3-25　卸下光驱位的挡板

步骤05 将光驱从机箱正面水平插入光驱安装位中，直到螺丝孔与机箱上的定位孔对齐为止，如图3-26所示。

图3-26　放置光驱

根据需要卸下光驱挡板

机箱上的光驱挡板是否需要卸下，可以根据挡板的结构和光驱面板的颜色来确定。

如果机箱上的挡板是固定的，则必须要将其卸下。如果是活动的，则可以不用卸下面板上的挡板，但需要卸下光驱托盘上的挡板，以使光驱托盘能顺利弹出。

步骤06 与固定硬盘一样，分别在机箱的两侧为光驱拧上固定螺丝(螺丝随光驱一起提供)，如图3-27所示。

图3-27　固定光驱

正确安装硬盘

硬盘是电脑中比较"小气"的一个部件，拿硬盘时手应该尽量不接触硬盘底部电路板。如果手上有汗而接触到了底部电路板，很容易在电脑通电时后烧坏硬盘。

3.2.7 连接机箱内部的各种线缆

机箱内部的线缆有很多，各种线缆只有正确地连接到主板上，才能使整个电脑系统的功能保持正常。

1. 认识机箱内的各种线缆插头

在连接各线缆之前，可以对各种线缆插头进行认识，以方便后续的连接。

学习目标　学会认识机箱内部的各种线缆和插头
难度指数　★★

主板电源

从电源上引出的最大的一个插头，用于对整个主板供电，通常为24Pin(20+4Pin)，插在主板上最大的一个电源插座中，如图3-28所示。

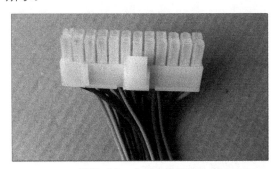

图3-28　主板电源插头

CPU电源

一般的电源都为CPU提供专用的供电插头，通常为4Pin，与主板电源的24Pin插头类似，如图3-29所示。

图3-29　CPU电源插头

SATA设备电源

扁平的L形插头，为SATA设备供电，如SATA硬盘和SATA光驱。一般电源都具有多个这种插头，如图3-30所示。

图3-30　SATA设备电源

IDE设备电源

4芯的D形插头，专为IDE设备供电，如老式的IDE硬盘和IDE光驱，如图3-31所示。现在很多电源上都已经没有了这种接口。

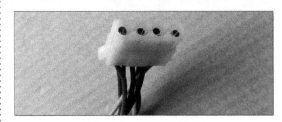

图3-31　IDE设备电源

显卡电源插头

在一些大功率电源上会提供此插头，通常为6芯D形接口，可为大功率显卡供电，以保证显卡正常运行，如图3-32所示。

图3-32　显卡电源插头

软驱电源

在一些老电源上还可以见到这种插头，通常为4芯扁平插头，可为早期的软盘驱动器供电。现在很多电源上已取消了此插头，如图3-33所示。

图3-33　软驱电源

电源按钮控制线

在插头上通常标有POWER SW字样，可不区分正负极，用于控制电脑电源的开关(长按可强制关机)，如图3-34所示。

图3-34　电源按钮控制线

电源工作指示灯

在插头上通常标有POWER LED字样，有正负极之分，必须连接到正确的插针上，当电脑开机后会长亮，如图3-35所示。

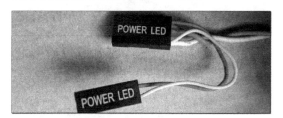

图3-35　电源工作指示灯

硬盘工作指示灯

在插头上通常标有H.D.D LED字样，有正负极之分，必须连接到正确的插针上，当硬盘有数据读写时会闪烁，如图3-36所示。

图3-36　硬盘工作指示灯

重启按钮控制线

在插头上通常标有RESET SW字样，可不区分正负极，正确连接后，在电脑开机状态下按重启按钮，可强制重启电脑，如图3-37所示。

图3-37　重启按钮控制线

前置USB插头

通常情况下机箱会提供一组前置USB连接线，插头为9孔8芯的长方形，其中有一个角上的孔被堵住，对应插座上此位置无针脚，如图3-38所示。

图3-38　前置USB插头

前置音频插头

通常为9孔7芯正方形插头，其中有一孔被堵住，对应插座上该位置无插针，连接后可通过前面板连接耳机和麦克风，如图3-39所示。

图3-39　前置音频插头

 SATA数据线

连接SATA设备的数据线，4芯L形插头，通常主板会提供一条，用于连接SATA硬盘，也可以连接SATA光驱，如图3-40所示。

图3-40　SATA数据线

 IDE数据线

很宽的一条并口数据线，有40芯和80芯两种，其使用的插座都是一样的，用于连接早期的IDE硬盘或IDE光驱，如图3-41所示。

图3-41　IDE数据线

2. 连接前面板控制和信号线

前面板控制和信号线包括开关按钮控制线、重启按钮管制线、电源工作指示灯、硬盘工作指示灯以及前置USB和音频线，只要认清楚各插头和对应的针脚，连接起来就非常简单，具体操作如下。

学习目标　掌握连接前面板的各种控制和信号线的方法
难度指数　★★★

步骤01 将两条电源指示灯信号线的插头按正负极的顺序排好，找到主板上标有PWR_LED字样的插针，然后将其插好，如图3-42所示。

图3-42　连接电源指示灯

步骤02 用同样的方法排列好硬盘工作指示需要的连接线，并插入标有HD_LED字样的插针上，如图3-43所示。

图3-43　连接硬盘工作指示灯

步骤03 将POWER SW插头插到标有PWR_ON字样的针脚上，如图3-44所示。

绿为正，黑为负

图3-44　连接电源开关控制线

步骤04 将RESET SW插头插到标有RST字样的针脚上，如图3-45所示。

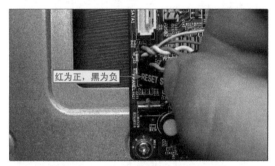

红为正，黑为负

图3-45　连接重启按钮控制线

步骤05 将USB插头插到标有FUSB1字样的插座上，以缺少的一个针脚和被堵的一个插孔判断插入的方向，如图3-46所示。

右上角为缺角

图3-46　连接前置USB数据线

步骤06 将SPK/MIC插头插到标有F_AUDIO字样的插座上，以缺少的一个针脚和被堵的

一个插孔判断插入的方向，如图3-47所示。

左起第2角为缺口

图3-47　连接前面板音频线

3. 连接电源线和硬盘数据线

在前面板连接好控制和信号线后，再连接各种电源线和数据线，具体操作如下。

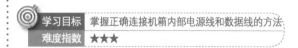

学习目标 掌握正确连接机箱内部电源线和数据线的方法

难度指数 ★★★

步骤01 将主板电源插头有卡扣的一面对准插座上有卡扣的位置，用力压下插头上的卡扣，垂直接入插座中，如图3-48所示。

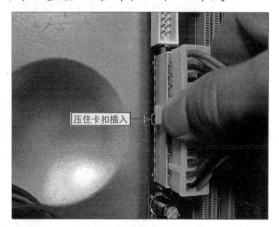

压住卡扣插入

图3-48　连接主板电源线

步骤02 将另一个单独的4针插头，用同样的方法插到主板上的4针电源插座中，注意对准卡扣的方向，如图3-49所示。

图3-49　连接CPU电源

步骤03 选择一个长度合适的SATA设备电源线，插入硬盘(光驱)的电源插座中，以带L形拐角的一头定位方向，注意不要插反，如图3-50所示。

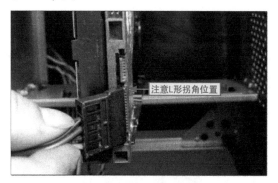

图3-50　连接硬盘电源

步骤04 选择一条SATA数据线，将一端插入主板上的SATA接口中，另一端插入硬盘的SATA接口，如图3-51所示。

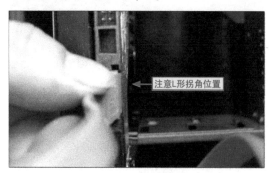

图3-51　连接硬盘数据线

步骤05 所有线缆连接完成后，可以对线缆适当整理，让走线不那么零乱，而且有助于散热，如图3-52所示。

图3-52　整理内部走线

步骤06 分别将机箱的两块挡板安装在机箱上，并上好固定螺丝，完成主机组装，如图3-53所示。

图3-53　完成主机组装

插座与插头不匹配

　　如果插座是旧的20Pin，而电源是24Pin，则可以将插头额外的4Pin拆分开，再连接到插座上。

　　如果插座是24Pin，而电源只有20Pin，则可以将插头有卡扣的一面面向自己，以左侧为准插入插座，右侧4孔可以留空。

安装外部设备

阿智： 既然主机已经安装好了，你将剩下的外部设备安装好就成功完成电脑的组装了。

小白： 虽然外部设备看着比主机中的部件简单，但是有一些外部设备接口我还是不知道该怎么进行连接，你可以教教我吗？

阿智： 当然可以，其实外部设备只需要根据连线的接口进行安装即可，因为每种外部设备的接口都存在很大差异。

完成主机箱的组装以后，就可以连接各种外部设备进行开机测试了。普通家庭电脑使用的外部设备包括显示器、鼠标和键盘、音箱和麦克风等。

3.3.1 安装显示器

显示器是台式电脑必须要有的输出设备，连接到主机的显卡输出接口上，具体连接方法如下。

学习目标 掌握连接主机与显示器的方法
难度指数 ★★★

步骤01 将显示器的数据线插头对准显卡输出口，垂直插到插座上，如图3-54所示。

注意D形口的位置

图3-54　连接主机与显示器的数据线

步骤02 顺时针旋转插头两端的螺丝，使其与插座牢牢结合，如图3-55示。然后用相同的方法将数据线另一端连接到显示器上。

拧紧固定螺丝

图3-55　固定显示器数据线

3.3.2 安装键盘与鼠标

键盘接口一般为PS/2接口，而鼠标可能是PS/2接口或USB接口，两种设备的连接都非常简单。

学习目标 掌握连接键盘和鼠标的方法
难度指数 ★★★

步骤01 将键盘插头中最大的针脚对准键盘接口上的缺口，垂直插入接口中，如图3-56所示。

注意缺口位置

图3-56　连接键盘

步骤02 用同样的方法连接鼠标。若是USB鼠标，则连接到主板任意USB接口上，如图3-57所示。

图3-57　连接鼠标

3.3.3 连接音频线

音频线包括耳机和麦克风两种，在主板的输出接口上有对应的标识，连接方法如下。

学习目标　掌握连接音箱和麦克风的方法
难度指数　★★★

步骤01 将音箱或耳机插入音频输出口的绿色孔中，如图3-58所示。

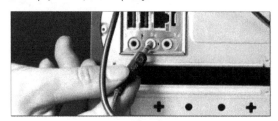

图3-58　连接耳机或音箱

步骤02 将麦克风插头插入音频输入口的红色孔中，如图3-59所示。

图3-59　连接麦克风

给你支招 ｜ 如何安装 AMD 的 CPU

小白： 这里只介绍了Intel CPU的安装，如果使用的是AMD的CPU，应该如何安装呢？安装过程中需要注意些什么？

阿智： AMD的CPU针脚是在CPU的芯片上，在放置CPU时也要注意芯片和插槽上的三角形定位点，对准后轻轻放到插槽中，切不可用力过大，且放入插槽中后应检查是否已平整。如果未放平时就压下，可能导致CPU针脚折断而损坏CPU。

给你支招 ｜ 如何判断前面板指示灯插座的正负极

小白： 主板上提供了前面板各种指示灯和控制按钮的连接排针，但在有些主板上并没有标识出哪个是正极，哪个是负极，要如何才能正确判断插座的正负极呢？

阿智： 在较新的主板上通常都会标识针脚的正负极性。如果没有明确的标识，则可以查看插座的构造，如果插针底座上有十字交叉线，则表示此针为正，否则为负。

Chapter

04

设置 BIOS 与分区
格式化硬盘

学习目标

　　BIOS是电脑的基本输入输出系统，负责协调电脑硬件、软件的运行。硬盘用于保存电脑中所有的数据信息，新买的硬盘没经过格式化，就不能进行任何操作。通过对BIOS的正确设置可以简单优化系统，而通过对硬盘进行分区格式化后，即可在其中安装操作系统并保存数据。

本章要点

- BIOS的概念
- BIOS的种类
- BIOS与CMOS的关联
- 进入BIOS设置界面
- BIOS的基本操作

......

- 退出BIOS设置界面
- 设置系统日期和时间
- 禁止使用软驱
- 调整启动设备顺序
- 设置BIOS密码

......

知识要点	学习时间	学习难度
BIOS入门与标准设置	70分钟	★★★★
硬盘分区前的准备	60分钟	★★★★
新硬盘的格式化操作	50分钟	★★★

4.1 BIOS 入门

小白： 现在我的电脑组装好了，可以开始安装系统了吧。

阿智： 当然不行，还需要对电脑的BIOS进行认识。虽然不是所有的用户都会接触到BIOS，但是掌握BIOS的基本设置对电脑的维护与故障排除都很有帮助。

电脑的BIOS是电脑中一个重要的组成部分，它介于软件系统和硬件系统之间，对电脑系统的正常运行起着关键性的作用。要对BIOS进行设置，首先要了解BIOS的一些基础知识。

4.1.1 BIOS的概念

BIOS也称基本输入输出系统，它通常是固化在主板上的一块EPROM(可擦写只读存储器)中的一些代码，为电脑提供最低级、最直接的硬件控制。

电脑通电开机以后，BIOS的工作流程如图4-1所示。

学习目标	简单认识电脑的BIOS
难度指数	★

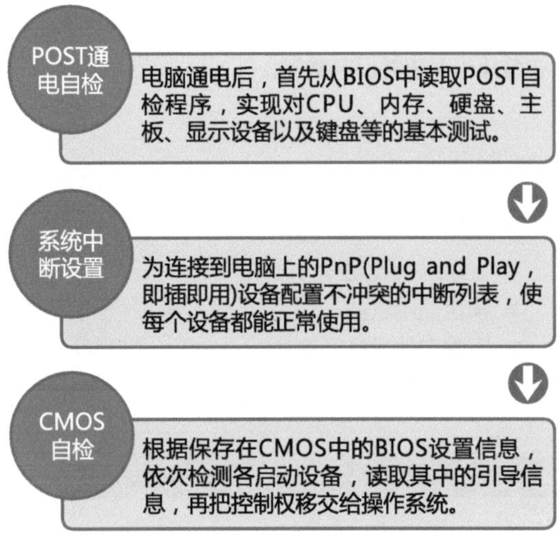

POST通电自检
电脑通电后，首先从BIOS中读取POST自检程序，实现对CPU、内存、硬盘、主板、显示设备以及键盘等的基本测试。

系统中断设置
为连接到电脑上的PnP(Plug and Play，即插即用)设备配置不冲突的中断列表，使每个设备都能正常使用。

CMOS自检
根据保存在CMOS中的BIOS设置信息，依次检测各启动设备，读取其中的引导信息，再把控制权移交给操作系统。

图4-1 BIOS的基本工作流程

4.1.2 BIOS的种类

在不同的地方看到的BIOS界面不同，原因之一是使用BIOS的主板品牌不同，可能厂商进行了一些自定义。而最主要的原因还是BIOS的类型不同，就目前的电脑市场来看，BIOS的种类主要有如图4-2所示的几种。

学习目标	了解BIOS的几种类型
难度指数	★

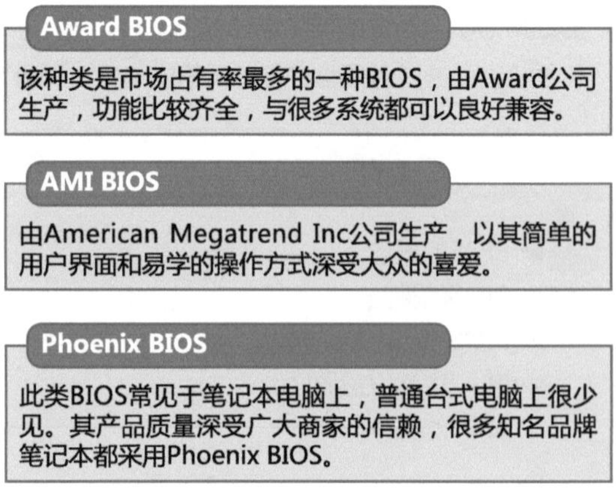

Award BIOS
该种类是市场占有率最多的一种BIOS，由Award公司生产，功能比较齐全，与很多系统都可以良好兼容。

AMI BIOS
由American Megatrend Inc公司生产，以其简单的用户界面和易学的操作方式深受大众的喜爱。

Phoenix BIOS
此类BIOS常见于笔记本电脑上，普通台式电脑上很少见。其产品质量深受广大商家的信赖，很多知名品牌笔记本都采用Phoenix BIOS。

图4-2 BIOS的种类

4.1.3　BIOS与CMOS的关联

BIOS和CMOS这两个概念对于很多电脑用户来说既熟悉又陌生，要真正认识它们，还得从它们之间的区别与联系着手。

学习目标　了解BIOS与CMOS之间的区别与联系
难度指数　★★

BIOS

通常所说的BIOS，是指一个固化在ROM中的软件，用来管理机器的启动和系统中重要硬件的控制与驱动，并为高层软件提供基层调用。如图4-3所示为某BIOS界面。

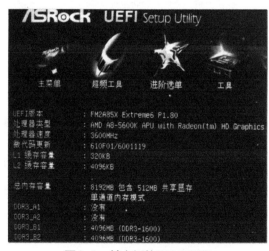

图4-3　某主板的BIOS界面

CMOS

通常所说的CMOS，是指主板上一块可读写存储的芯片，用于保存BIOS检测到的硬件信息和用户对BIOS进行设置的数据，具有断电后消除记忆的特点，靠主板上的一颗纽扣电池供电保存数据。如图4-4所示为主板上的CMOS芯片。

图4-4　某主板上的CMOS芯片

4.1.4　进入BIOS设置界面

要对BIOS参数进行设置，就必须要进入到BIOS设置界面。而不同种类的BIOS，甚至同一类BIOS，在不同的主板上其进入方法都不尽相同，用户可以根据启动时的提示信息进行操作。

学习目标　了解进入BIOS设置界面的操作
难度指数　★★

按Del键进入

在POST自检完成后，出现提示信息时，按数字键盘上的Del键或功能键中的Delete键，进入BIOS设置界面，如图4-5所示。

图4-5　按Del键进入

如何暂停启动过程

在未调用 Windows 系统引导程序前，可以按 Pause 键让启动过程暂停，以便用户查看 BIOS 自检信息的一些提示信息。

 按F1键进入

大多数主板的BIOS在设置出错或CMOS信息丢失后，都会提示按F1键进入设置，如图4-6所示。

图4-6 按F1键进入

按F2键进入

很多品牌电脑和笔记本电脑上的BIOS都是在启动过程中按F2键进入设置界面的。如图4-7所示为某Dell电脑进入BIOS设置的提示。

图4-7 按F2键进入

按F10键进入

在某些笔记本电脑上，可能会出现按F10键进入BIOS设置界面的情况。如图4-8所示为某笔记本电脑进入BIOS设置的提示。

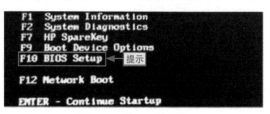

图4-8 按F10键进入

其他进入方式

除了上面介绍的几种进入BIOS设置界面的方式外，在不同的电脑上可能还会有按 Esc 键或一组组合键进入的方式，如 Ctrl+Alt+S 组合键，Fn+F3 组合键（笔记本）等。

4.1.5 BIOS的基本操作

进入到BIOS设置界面是为了查看或更改参数。不同类型的BIOS在设置时使用的按键不同，但基本的操作是大同小异的，这里就以Phoenix BIOS为例来进行说明。

学习目标 了解BIOS中的基本操作方法
难度指数 ★★

移动光标

要更改选项的参数值，首先必须要将鼠标光标定位到需要设置的选项上，此时光标所在位置的选项字体与其他选项的字体颜色不同。按↑和↓键，可移动光标位置，如

图4-9所示。

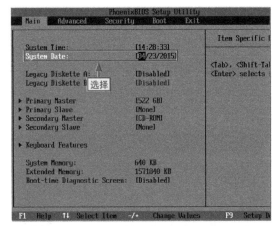

图4-9 移动光标位置

调整参数

光标移动到需要调整参数的选项上，按+键或-键调整参数值，然后按Enter键切换到下一项调整位置上，如图4-10所示。

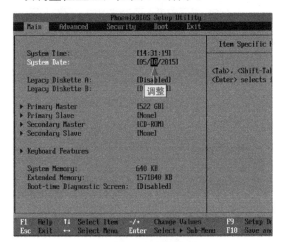

图4-10 改变参数值

设置参数值的其他方法

在BIOS中设置数值参数，如调整时间和日期时，可以直接利用数字键盘输入需要的值（需打开NumLock灯），按Tab键也可切换到下一位置。

选择选项

某些设置项可以选择不同的选项，按方向键选择相应的项目后，按Enter键打开列表框。按方向键选择选项后按Enter键确认即可，如图4-11所示。

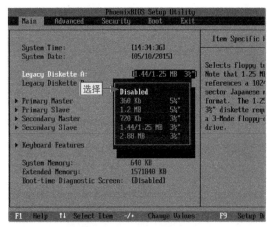

图4-11 选择选项

查看帮助

在BIOS设置界面下方或左侧会提示一些当前可用的操作，用户也可按F1键打开帮助窗口，查看当前BIOS中可进行的操作，如图4-12所示。

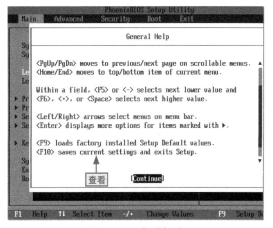

图4-12 查看帮助

4.1.6 退出BIOS设置界面

更改BIOS设置后，需要退出BIOS重新启动系统。根据退出时是否保存更改，退出BIOS设置界面的方法有以下两种。

学习目标　掌握退出BIOS设置界面的方法
难度指数　★★

退出并保存设置

按方向键切换到Exit选项卡，❶选择Exit Saving Changes选项并按Enter键，❷在打开的对话框中单击Yes按钮后按Enter键，保存并退出BIOS设置，如图4-13所示。

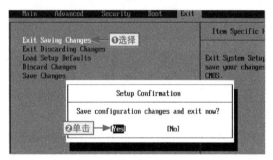

图4-13　保存并退出BIOS设置

退出但不保存设置

切换到Exit选项卡，❶选择Exit Discarding Changes选项并按Enter键，❷在打开的对话框中单击Yes按钮后按Enter键即可，如图4-14所示。

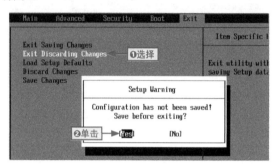

图4-14　退出BIOS设置但不保存更改

快速保存并退出BIOS设置

在BIOS界面中更改了设置以后，无论在哪个界面，直接F10键可打开保存并退出提示对话框，单击Yes按钮后按Enter键，可快速退出BIOS设置并重新启动电脑。

4.2 BIOS 的标准设置

小白： 既然你说BIOS这么厉害，那么它到底可以进行哪些设置？

阿智： BIOS其实是被固化到电脑主板ROM芯片上的一组程序，该程序中包括输入输出程序、系统信息设置、开机上电自检程序等。因此，对BIOS中的这些程序进行设置，就是直接对硬件进行控制。

电脑的BIOS不需要经常更改，但在某些旧的主板上，还是有一些选项需要用户设置的，如更改系统日期时间、设置启动顺序等，这些都属于BIOS的标准设置。

4.2.1　设置系统日期和时间

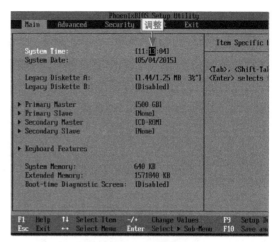

图4-16　调整分钟

较新的主板在出厂时已经设置好了日期和时间，但在某些较旧或清除过CMOS信息的主板，还是需要对系统日期和时间进行设置，其具体操作如下。

学习目标　掌握使用BIOS调整系统日期和时间的方法
难度指数　★★

步骤01　进入到BIOS设置界面中，❶在Main选项卡中选择System Time选项，❷按+键或-键调整小时，如图4-15所示。

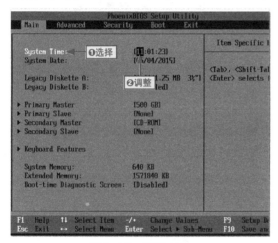

图4-15　调整小时

步骤02　按Enter键向后移动光标到分钟上，按+键或-键调整分钟，如图4-16所示。

自动更新时间

如果用户电脑接入了互联网，可以自动从指定的时间服务器更新系统的日期和时间。

步骤03　❶按↓键将光标移动到System Date选项上，❷按+键或-键调整月份值，如图4-17所示。

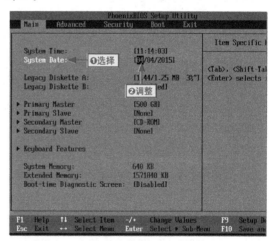

图4-17　调整月份值

快速调整数值

对于时间和日期这种以数字显示的参数值，可以在数字键盘开启的情况下（按 NumLock 键），通过数字键盘直接输入需要的值。

步骤04 ❶按→键切换到Exit选项卡中，❷选择Exit Saving Changes选项，按Enter键，❸在打开的对话框中单击Yes按钮，按Enter键保存并退出BIOS设置界面，如图4-18所示。

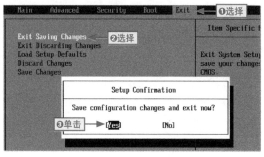

图4-18　保存并退出BIOS设置界面

4.2.2　禁止使用软驱

目前，软驱虽然已不再使用，但有些主板仍然提供了该设备的控制程序。为使电脑启动时不检测软驱，也让系统中不出现软驱的图标，可以在BIOS中禁用该设备，其具体操作如下。

学习目标　掌握在BIOS中禁用软驱控制器的方法
难度指数　★★

步骤01 进入BIOS设置界面，❶在Main选项卡中选择Legacy Diskette A选项，按Enter键打开其参数列表，❷选择Disabled选项后按Enter键，如图4-19所示。

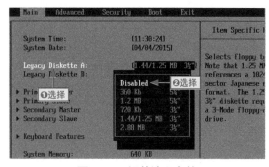

图4-19　调整选项参数

步骤02 按F10键，单击Yes按钮，再按Enter键保存并退出设置界面，如图4-20所示。

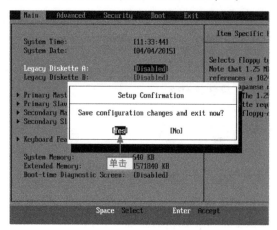

图4-20　保存并退出设置

4.2.3　调整启动设备顺序

BIOS在自检完成后，会根据启动设备列表依次检测各设备是否包含引导信息。将默认的启动设备调整到列表顶端，可以有效加快系统的启动速度，其具体操作如下。

学习目标　学会调整设备启动顺序以加快系统启动速度
难度指数　★★

步骤01 在BIOS设置界面中，❶连续按→键切换到Boot选项卡，❷按↓键选择Hard Drive选项，如图4-21所示。

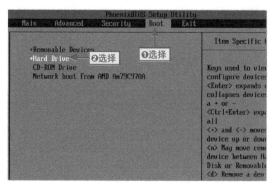

图4-21　选择Hard Drive选项

步骤02 按+键将硬盘设备调整到列表顶端，如图4-22所示。

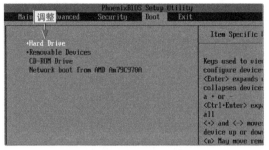

图4-22 调整硬盘设备排列顺序

步骤03 ❶按Enter键展开硬盘列表(如果有多块硬盘)，❷通过+键或-键将主引导硬盘调整到最顶端，如图4-23所示。

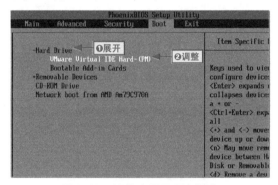

图4-23 调整主引导硬盘顺序

步骤04 按F10键，在打开的对话框中单击Yes按钮后按Enter键，保存更改并退出BIOS设置，如图4-24所示。

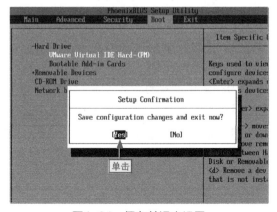

图4-24 保存并退出设置

4.2.4 设置BIOS密码

BIOS的设置关系到系统是否能够稳定运行，为BIOS设置密码可以有效保护电脑的安全，其具体操作如下。

学习目标 学会通过设置BIOS密码来加强系统安全性
难度指数 ★★★

步骤01 进入BIOS设置界面，❶按→键切换到Security选项卡，❷按↓键选择Set Supervisor Password选项，如图4-25所示。

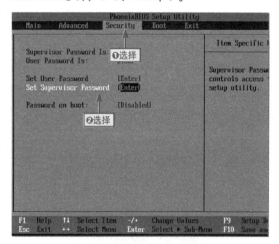

图4-25 选择需要设置的选项

步骤02 按Enter键，❶在打开的对话框中输入管理员密码，按Enter键移动光标，❷再次输入管理员密码，如图4-26所示。

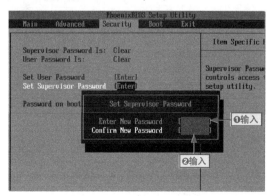

图4-26 输入管理员密码

步骤03 输入完成后，按Enter键，在打开的对话框中再次按Enter键，确认管理员密码设置，如图4-27所示。

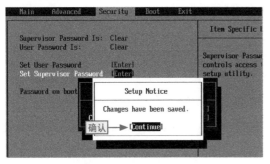

图4-27 确认管理员密码

步骤04 ❶选择Set User Password中的Enter选项，❷在打开的对话框中输入两次用户密码，如图4-28所示。

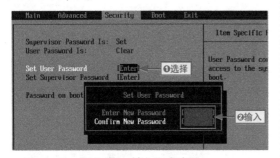

图4-28 输入用户密码

步骤05 按Enter键，在打开的对话框中再次按Enter键确认用户密码设置，如图4-29所示。

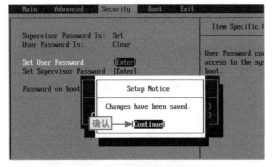

图4-29 确认用户密码

步骤06 ❶选择Password on boot选项，按Enter键进入，❷选择Enabled选项，按Enter键启用密码，如图4-30所示。

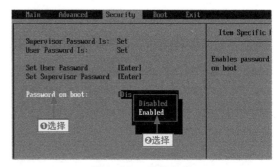

图4-30 启用密码

步骤07 按F10键，在打开的对话框中单击Yes按钮，按Enter键保存更改并退出BIOS设置，如图4-31所示。

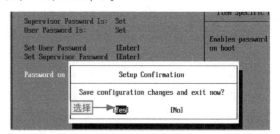

图4-31 保存设置并退出BIOS设置

管理员密码与用户密码的权限

在BIOS中可以设置管理员密码和用户密码，管理员密码是更改BIOS密码时需要的密码，用户密码是进入系统时需要的密码，前者权限更大。

4.2.5 恢复BIOS默认设置

BIOS参数的设置会影响系统能否正常稳定的运行。厂商为了防止用户操作不当造成系统不稳定，都准备了一个默认的设置，其具体操作如下。

学习目标 掌握将BIOS恢复到默认状态的方法

难度指数 ★★★

步骤01 进入BIOS设置界面，❶连续按→键切换到Exit选项卡，❷按↓键选择Load Setup Defaults选项，如图4-32所示。

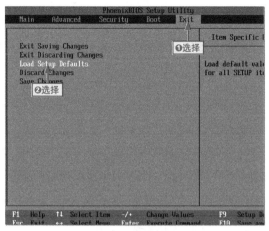

图4-32　选择要设置的选项

步骤02 按Enter键确认选择，在打开的对话框中单击Yes按钮，按Enter键载入默认设置，如图4-33所示。

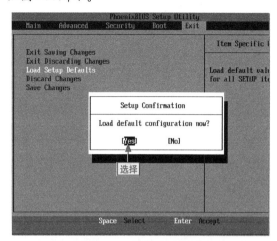

图4-33　载入默认设置

4.3　硬盘分区前的准备

小白：我想要快点为自己的电脑安装操作系统，在安装之前还需要做什么事呢？

阿智：还需要对硬盘进行分区，因为新买回来的硬盘就相当于一张"白纸"。不过在分区之前，还要做好相关的分区准备，也就是对硬盘分区进行了解并准备分区工具。

新买的硬盘都必须经过分区格式化后才能安装系统、存储文件。但在对硬盘进行分区之前，必须对硬盘分区的相关知识有一定的了解。

4.3.1　认识硬盘中的常用术语

要正确地对硬盘分区或进行高级的数据管理，必须要了解机械硬盘中的几个重要术语。硬盘盘片上的各逻辑组成部分如图4-34所示，而机械硬盘中各组成部分的简单介绍如图4-35所示。

学习目标　了解机械硬盘中的几个术语
难度指数　★★

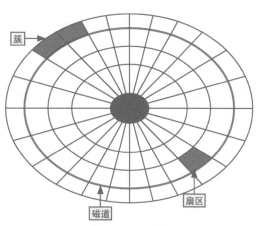

图4-34　硬盘盘片上各逻辑组成部分

磁道

机械硬盘的盘片两面都可以存储数据，都有一个专门的磁头负责对数据的读写。磁头在盘片表面按盘片的半径方向移动，而盘片由主轴电机带动不断旋转。数据被存放在盘片上的一个个同心圆上，这就是盘片的磁道。在同一个盘片上，磁道按从外向内的顺序被依次编号，如"0磁道""1磁道""2磁道"……

扇区

盘片沿磁道和半径方向划分为很多扇形区域，这个区域被称为扇区，每个扇区可保存512Byte的数据。

簇

操作系统无法对数目众多的扇区直接寻址，所以将盘片上相邻的几个扇区组合起来形成一个簇，再对簇进行管理。每个簇可以包含2、4、8、16、32或64个扇区，但同一个簇中只能存放一个文件，即使文件只有几字节。

图4-35　机械硬盘的几个重要术语

4.3.2　硬盘的分区类型

　　一般来说，一块硬盘中可能出现主分区、扩展分区、逻辑分区和活动分区4种类型的分区，各类型的分区简要介绍如下所示。

学习目标	了解硬盘的常见分区类型
难度指数	★★

主分区

　　用于安装操作系统的必须分区，它一般位于硬盘的前面一块区域，其中包含了主引导记录以及分区表信息，并且可以设置为活动分区，用于引导系统。

扩展分区

　　扩展分区是DOS分区中除了主分区以外的另一种分区类型，是主分区的一种扩展(一块硬盘最多只能够有4个主分区，但是通过扩展分区可以有多个逻辑分区)。

逻辑分区

　　因为扩展分区不能直接使用，所以需要将其分成一个或多个逻辑分区，才能被操作系统识别和使用。

活动分区

　　活动分区是电脑的启动分区，它必须是硬盘上的主分区。

非DOS分区

　　非DOS分区是一种特殊的分区格式，它将硬盘的一块区域划分出来，供其他操作系统使用，该区域在Windows系统下看不到也无法访问。

4.3.3　硬盘分区表

　　硬盘分区表可以说是支持硬盘正常工作的骨架，操作系统就是通过分区表把硬盘划分为若干个分区，然后再在每个分区里面创建文件系统，写入数据文件。

1. MBR分区表

MBR分区表将分区信息保存到磁盘第一个扇区的64个Byte中，每个分区项占用16个Byte(因此MBR分区表只能支持4个主分区)，存有活动状态标识、文件系统标识、起止柱面号、磁头号、扇区号、隐含扇区数目、分区总扇区数目等内容，如图4-36所示。

学习目标	熟悉MBR分区表的概念
难度指数	★★

Offset	0	1	2	3	4	5	6	7		8	9	A	B	C	D	E
0000000000	33	C0	8E	D0	BC	00	7C	FB		50	07	50	1F	FC	BE	1B
0000000010	BF	1B	06	50	57	B9	E5	01		F3	A4	CB	BD	BE	07	B1
0000000020	38	6E	00	7C	09	75	13	83		C5	10	E2	F4	CD	18	8B
0000000030	83	C6	10	49	74	19	38	2C		74	F6	A0	B5	07	B4	07
0000000040	F0	AC	3C	00	74	FC	BB	07		00	B4	0E	CD	10	EB	F2
0000000050	4E	10	E8	46	00	73	2A	FE		46	10	80	7E	04	0B	74
0000000060	80	7E	04	0C	74	05	A0	B6		07	75	D2	80	46	02	06
0000000070	46	08	06	83	56	0A	00	E8		21	00	73	05	A0	B6	07
0000000080	BC	81	3E	FE	7D	55	AA	74		0B	80	7E	10	00	74	C8
0000000090	B7	07	EB	A9	8B	FC	1E	57		8B	F5	CB	BF	05	00	8A
00000000A0	00	B4	08	CD	13	72	23	8A		C1	24	3F	98	8A	DE	8A
00000000B0	43	F7	E3	8B	D1	86	D6	B1		06	D2	EE	42	F7	E2	39
00000000C0	0A	77	23	72	05	39	46	08		73	1C	B8	01	02	BB	00
00000000D0	8B	4E	02	8B	56	00	CD	13		73	51	4F	74	4E	32	E4
00000000E0	56	00	CD	13	EB	E4	8A	56		00	60	BB	AA	55	B4	41
00000000F0	13	72	36	81	FB	55	AA	75		30	F6	C1	01	74	2B	61
0000000100	6A	00	6A	00	FF	76	0A	FF		76	08	6A	00	68	00	7C
0000000110	01	6A	10	B4	42	8B	F4	CD		13	61	61	73	0E	4F	74
0000000120	32	E4	8A	56	00	CD	13	EB		D6	61	F9	C3	49	6E	76
0000000130	6C	69	64	20	70	61	72	74		69	74	69	6F	6E	20	74
0000000140	62	6C	65	00	45	72	72	6F		72	20	6C	6F	61	64	69
0000000150	67	20	6F	70	65	72	61	74		69	6E	67	20	73	79	73
0000000160	65	6D	00	4D	69	73	73	69		6E	67	20	6F	70	65	72
0000000170	74	69	6E	67	20	73	79	73		74	65	6D	00	00	00	00
0000000180	00	00	00	00	00	00	00	00		00	00	00	00	00	00	00
0000000190	00	00	00	00	00	00	00	00		00	00	00	00	00	00	00
00000001A0	00	00	00	00	00	00	00	00		00	00	00	00	00	00	00
00000001B0	00	00	00	00	00	00	00	00		84	81	84	81	00	00	00

图4-36　硬盘MBR扇区结构

MBR分区表的限制

MBR 分区表中只有 64Byte 记录分区，而每个分区信息占用 16Byte。在 16Byte 中，用 4Byte 记录分区的总扇区数，最大能表示 2^{32} 扇区数，按每扇区 512Byte 计算，MBR 分区表最大只能支持 2TB 的硬盘，超过此容量的硬盘，MBR 分区表就无法表示起始位置。

2. GPT分区表

GPT分区表是基于Itanium计算机中的可扩展固件接口使用的磁盘分区架构，它允许每个磁盘有多达128个分区，支持最大卷为18EB。

学习目标	简单了解GPT分区表
难度指数	★★

4.3.4　磁盘分区格式

分区的目的是规范数据存在位置，并告诉系统硬盘可用扇区数及各分区占用的扇区信息。磁盘分区常见的格式有如图4-37所示的几种。

学习目标	了解硬盘分区的几种格式
难度指数	★★

FAT16

FAT16分区格式采用16位的文件分配表(记录文件所在位置的表格)，其单个分区最大支持2GB，从DOS到Windows系统都兼容这种格式，但它的硬盘空间浪费很大。

FAT32

FAT32分区格式是FAT16分区格式的升级版，采用32位的文件分区表，在分区不超过8GB时，每个簇容量为4K，提高了硬盘空间利用率。但该分区格式不支持大于4GB的单个文件。

NTFS

NTFS格式是Windows 7及以后的系统中，系统分区必须采用的格式。在这种分区中，单文件没有4GB的大小限制，并且它能对用户的操作进行记录，在数据安全性方面也有很大提高。

exFAT

exFAT是Microsoft在Windows Embedded 6.0中引用的一种适合于闪存(U盘、SSD硬盘等)的文件系统，增强了台式电脑与移动设备的互操作能力，单文件最大可达16EB。

图4-37　常见的磁盘分区格式

电脑中数据存储和传输的单位

电脑中数据存储的最小单位是字节(Byte)，而数据传输的最小单位是位(bit)，一位就代表二进制中的0或1，每8个位组成1个字节，即8bit=1Byte（在实际应用中，通常取缩写8b=1B，在写法中需要注意字母的大小写）。

在数据存储中，还有KB、MB、GB等单位，在操作系统中以二进制表示，换算单位为2^{10}（即1024），具体单位及换算关系如表4-1所示。

表4-1　电脑数据存储的单位及换算关系

单位	简称	换算关系
KB(Kibibyte)	千字节	1KB=1024Byte
MB(Mebibyte)	兆字节，简称"兆"	1MB=1024KB
GB(Gigabyte)	吉字节，又称"千兆"	1GB=1024MB
TB(Terabyte)	千万亿字节，或太字节	1TB=1024GB
PB(Petabyte)	千万亿字节，或拍字节	1PB=1024TB
EB(Exabyte)	百亿亿字节，或艾字节	1EB=1024PB
ZB(Zettabyte)	十万亿亿字节，或泽字节	1ZB=1024EB
YB(Yottabyte)	一亿亿亿字节，或尧字节	1YB=1024ZB

而在硬盘厂商的生产过程中，标识容量采用的是十进制算法，按1MB=1000KB=1000000Byte计算，因此标识为500GB的硬盘，在Windows系统下最多会显示456.7GB（500×1000×1000×1000÷1024÷1024÷1024 ≈ 456.66）。

4.3.5　计算分区容量

很多分区工具都是以**MB**为单位输入分区大小的。但按系统的计算方式输入数值，并不能得到想要的分区大小。要最终得到整数的分区大小，可按如下所示的方法计算。

学习目标	掌握整数分区大小的算法
难度指数	★★★

 FAT32整数分区算法

假设得到的整数分区大小为n GB，则在采用FAT32分区格式时，可使用公式"(n-1)×4+1024×n"得到实际需要分配的分区大小(单位为MB)。

 NTFS整数分区算法

NTFS整数分区算法首先要求得每个柱面的大小，再根据柱面大小求得分区所需的柱面数(向上取整)。

最后根据取整后的柱面数乘以每柱面大小，向上取整得到实际所需要的大小。

快速获得整数分区的数值

为方便分区操作，这里将从5GB到200GB的部分分区的两种分区格式所需的实际大小进行了列举，如表4-2所示。

表4-2　常见整数分区数值列举

分区大小 (GB)	FAT32格式 (MB)	NTFS格式 (MB)
5	5136	5123
10	10276	10245
15	15416	15367
20	20556	20482
25	25696	25604
30	30836	30726
35	35976	35841
40	41116	40963
45	46256	46085
50	51396	51208
55	56536	56322
60	61676	61444
65	66816	66567
70	71956	71681
75	77096	76803
80	82236	81926
85	87376	87048
90	92516	92162
95	97656	97285
100	102796	102407
110	112749	112644
120	122999	122888
130	133249	133125
140	143499	143362
150	153749	153606
160	163999	163843
170	174249	174088
180	184499	184324
190	194749	194561
200	204999	204806

4.3.6　常用分区工具

　　硬盘分区都需要借助一些工具来完成，可以对硬盘进行分区的工具也很多，这就需要用户根据自己的使用环境及习惯来选择。

学习目标	能选择适合自己使用的分区工具
难度指数	★★★

DiskGenius

　　DiskGenius是一款集分区管理与数据恢复功能于一体的工具软件，支持能Windows Vista、Windows XP、Windows 7、Windows 10等系统，还支持Windows系统全系列文件格式，其界面如图4-38所示。

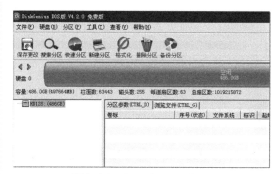

图4-38　DiskGenius界面

Acronis Disk Director Server

　　这是Acronis出品的一款功能强大的磁盘无损分区工具，简称ADDS，也是最早的支持Windows 7系统无损分区的工具，其操作界面如图4-39所示。

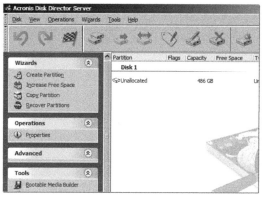

图4-39　Acronis Disk Director Server界面

Paragon Partition Manager

这是一个类似于Partition Magic的磁盘分区工具集，是PM分区工具(不支持Windows 7以上分区)的最佳替代品，主要功能包括无损调整分区大小、转换文件系统、硬盘文件管理等，其服务器版操作界面如图4-40所示。

图4-40　Paragon Partition Manager界面

 Windows安装光盘

Windows安装光盘也集成了硬盘分区功能，在系统安装过程中，可以对硬盘进行分区格式化，其操作界面如图4-41所示。

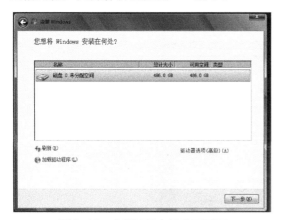

图4-41　安装过程中的分区界面

4.3.7　确定合适的分区计划

在开始对硬盘分区之前，应计划需要将硬盘分为多少个分区，每个分区大概多大。对于安装Windows系统的分区，不同的系统版本对分区的最小限制有一定要求，具体如下所示。

学习目标	根据需要规划分区方案
难度指数	★★

 Windows XP系统

Windows XP系统是经典的Windows版本，虽然即将退市，但很多用户仍在使用，该系统没有32位和64位的区别，要求系统分区最小为5GB。

 Windows 7系统

Windows 7系统是目前大多数用户使用的主流系统，提供32位和64位两种版本。32位系统要求系统分区不得小于15GB，64位系统要求系统分区不得小于20GB。

 Windows 10系统

Windows 10系统是全新一代Windows系统，可安装于传统电脑和x86结构的平板电脑上。32位系统要求系统分区不得小于16GB，64位系统要求系统分区不得小于20GB。

系统盘空间必须充足

系统盘除了能满足安装系统所需的最小空间外，还必须要有一定的剩余。因为平时安装软件和运行某些软件时，都会在系统盘中产生一些文件，会使系统盘剩余空间越来越小，空间小了影响系统正常运行。

4.4　新硬盘的格式化操作

小白：我现在做好了分区准备，应该如何开始对新购的硬盘进行分区格式化呢？

阿智：硬盘的分区格式化有很多种方式，最常见的方式就是借助各种分区工具，下面就来介绍一些分区工具的分区方法。

新购买的硬盘必须对其进行分区格式化后才能正常使用。对新硬盘进行分区的方法很多，用户可根据自己的需要选择合适的分区工具进行分区。

4.4.1　使用DiskGenius分区

DiskGenius是目前使用较多的一款分区工具，在很多系统维护工具或系统安装盘中都带有该工具。以将500GB的硬盘分4个区为例，其具体操作如下。

🎯 **学习目标**　掌握使用DiskGenius对硬盘进行分区的方法
难度指数　★★★

步骤01 通过任意包含DiskGenius工具的系统维护光盘启动电脑，并进入DiskGenius工作界面，在主界面中单击"新建分区"按钮，如图4-42所示。

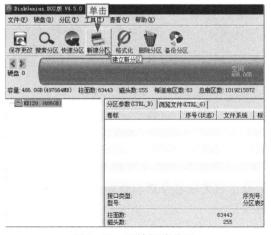

图4-42　开始新建分区

步骤02 ❶在打开的对话框中选中"主磁盘分区"单选按钮，❷选择文件系统类型，默认选中NTFS选项，❸输入系统分区的大小，这里设置为50GB，❹单击"确定"按钮，如图4-43所示。

图4-43　创建第一个分区

步骤03 ❶在"硬盘"栏中选择未创建的分区，并右击，❷选择"建立新分区"命令，如图4-44所示。

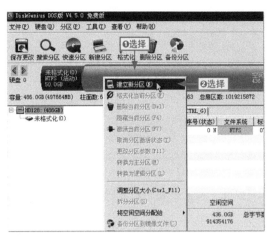

图4-44 选择"建立新分区"命令

步骤04 在打开的对话框中确认选中的是"扩展磁盘分区"单选按钮，并确认"新分区大小"文本框中是所有剩余空间，单击"确定"按钮，如图4-45所示。

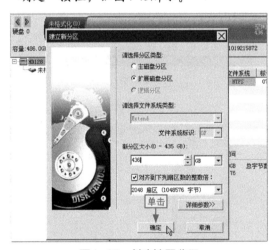

图4-45 创建扩展分区

正确创建扩展分区

扩展分区在MBR分区表中也包含在4个分区之中，但在扩展分区中还可以创建多个逻辑分区，使得MBR分区表可以突破4个分区的限制。除扩展分区外，硬盘只能再创建其他3个分区。

步骤05 ❶选择新建的"空闲"分区，❷单击"新建分区"按钮，❸在打开的对话框中设置第二个分区的大小，❹单击"确定"按钮，如图4-46所示。

图4-46 创建第二个分区

步骤06 ❶用同样的方法完成其他分区的创建，❷单击"保存更改"按钮(可按F8键)，如图4-47所示。

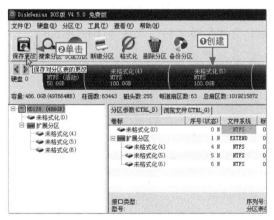

图4-47 保存分区表

步骤07 在打开的对话框中依次单击"是"按钮，确定保存分区和格式化分区，如图4-48所示。

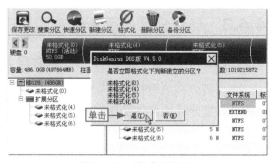

图4-48 格式化分区

4.4.2 使用ADDS分区

ADDS即Acronis Disk Director Server，有
Windows版和DOS版两种。为保障分区成功，
尽量使用英文原版，汉化版分区容易失败。
使用该工具进行分区的具体操作如下。

学习目标 掌握使用ADDS对硬盘进行分区的方法
难度指数 ★★★

步骤01 启动Acronis Disk Director Server
软件并且进入主界面，❶选择需要分区的硬
盘，❷单击Create Partition按钮，如图4-49
所示。

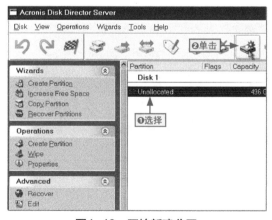

图4-49 开始新建分区

步骤02 ❶在File system下拉列表框中选择
NTFS选项，❷在Partition size文本框中输入

50GB，❸单击OK按钮，创建一个50GB的主
分区，如图4-50所示。

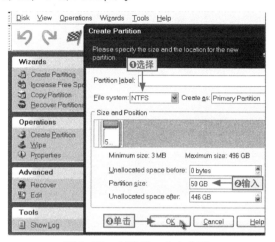

图4-50 创建第一个主分区

步骤03 进入Acronis Disk Director Server软件
主界面，❶选择Unallocated选项，❷单击Create
Partition超链接，如图4-51所示。

图4-51 继续创建分区

步骤04 ❶在File system下拉列表框中选择
NTFS选项，确认Create as下拉列表中选中的
是Logical Partition选项，❷在Partition size文本
框中输入100GB，❸单击OK按钮，创建一个
100GB的逻辑分区，如图4-52所示。

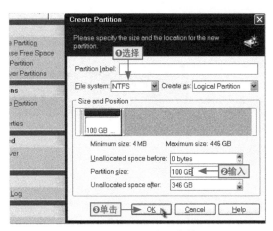

图4-52　设置分区参数

步骤05 用同样的方法创建其他分区，❶完成后选择第一个分区，❷单击Set Active按钮，如图4-53所示。

图4-53　激活分区

步骤06 ❶单击Commit按钮，❷在打开的对话框中单击Proceed按钮，完成分区操作，如图4-54所示。

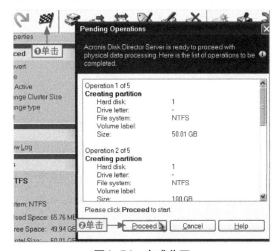

图4-54　完成分区

4.4.3　使用分区助手分区

分区助手也是一款图形化分区管理软件，通常运行在Windows PE环境下，使用该软件对磁盘分区的具体操作如下。

学习目标 掌握使用分区助手对硬盘进行分区的方法
难度指数 ★★★

步骤01 启动分区助手软件，❶在右侧列表框中选择未分配的空间，❷单击"创建分区"按钮，如图4-55所示。

图4-55　开始新建分区

步骤02 打开"创建分区"对话框，❶向左拖动"大小与位置"栏中右侧的圆形控制点，产生一个50GB大小的分区(或直接在"分区大小"文本框中输入新分区的大小)，❷单击"确定"按钮，如图4-56所示。

图4-56　设置第一个分区的大小

步骤03 选择未分配的分区,继续执行"创建分区"命令,❶输入分区的大小,❷单击"高级"按钮,❸在"创建为"下拉列表框中选择"逻辑分区"选项,❹单击"确定"按钮,如图4-57所示。

图4-57 创建第一个逻辑分区

步骤04 ❶用同样的方法将剩余的空间划分为两个逻辑分区,❷完成后单击"提交"按钮,如图4-58所示。

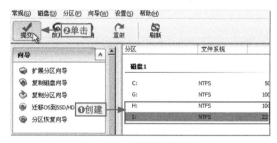

图4-58 提交分区方案

步骤05 ❶在打开的对话框中单击"执行"按钮,❷再单击"是"按钮完成分区,如图4-59所示。

图4-59 确定执行分区方案

步骤06 ❶在创建的主分区上右击,❷选择"高级操作"→"设置成活动分区"命令,如图4-60所示,再次提交操作即可。

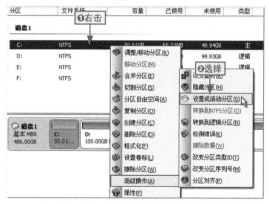

图4-60 设置活动分区

 给你支招 | 为什么每次开机都要求设置 BIOS 参数

小白: 我电脑现在每次开机都会停留在自检页面,要按F1键或F2键才能继续启动或进入BIOS设置,这是为什么呢?

阿智: 这种情况通常出现在电脑使用了一定年限后,一般是由于主板上的CMOS电池电量过低,无法保存数据导致。当电脑主机断电后,CMOS中保存的参数就会丢失,再次开机时,BIOS检测不到正确的日期和时间信息等重要参数,就会要求用户重新设置或忽略错误。这种情况一般可通过更换CMOS电池来解决。

给你支招 ｜ 为什么使用 DiskGenius 分区可以得到整数分区

小白：前面介绍过，整数分区是经过计算得到的，为什么在使用DiskGenius分区时，输入50就可以得到50GB的整数分区？

阿智：在计算需要得到的整数分区的时候，输入的分区大小是以MB为单位的(一般软件都以MB为单位)。而在使用DiskGenius分区时，默认使用的大小单位是GB，软件自动进行了换算，所以可以很容易得到整数分区。

给你支招 ｜ 为什么 Windows 7 安装光盘无法创建更多的分区

小白：在使用Windows 7安装光盘创建分区时，为什么只能自己创建3个，剩余的空间无法再继续创建分区？

阿智：在使用Windows 7安装光盘创建分区时，只能创建主分区，而原版安装光盘创建的分区表类型为MBR分区表，该分区表只能记录4个主分区。在创建第一个分区时，系统会自动创建一个系统保留分区，占用一个主分区位，因此用户最多还能创建3个分区。当用户创建的分区数超过3个时，将不能再创建新分区。

Chapter

05

安装操作系统与
注册表优化系统

学习目标

　　新组装的电脑不能完成任何任务，因为没有安装电脑操作系统，这样的电脑被称为"裸机"。想要让电脑可以处理各种任务，首先需要在其上安装操作系统，并根据需要安装各种应用程序。同时，还需要对系统的注册表进行设置，让系统运行更加流畅。

本章要点

- 全新安装Windows 7操作系统
- Windows 7升级到Windows 10
- 制作U盘启动盘
- Ghost一键安装系统
- 手动运行Ghost安装系统

- 在Windows PE下安装原版系统
- 调整分区大小
- 在Window 7系统中安装Windows 10
- 更改菜单等待时间和默认系统
- 修复Windows 7引导功能

......　　　　　　　　　　　　......

知识要点	学习时间	学习难度
操作系统常规安装与第三方安装	50分钟	★★★
多操作系统的安装与设置	60分钟	★★★★
使用注册表优化操作系统	50分钟	★★★★

5.1 操作系统常规安装

阿智：你这是要把电脑搬到哪儿去？

小白：我想搬出去让电脑维修店的人帮我安装操作系统呀。

阿智：不用那么麻烦，其实安装操作系统非常简单，你自己就可以完成，下面我就介绍一下最常规的安装方法。

电脑要安装操作系统，才能安装各种软件来完成用户指定的任务。操作系统的安装方法有很多种，通过Microsoft原版安装光盘进行常规安装是很常见的一种安装方法。

5.1.1 全新安装Windows 7系统

Windows 7操作系统是目前大部分台式电脑使用的系统，使用Windows 7原版安装光盘安装Windows 7旗舰版是最常见的安装方式，其具体操作如下。

学习目标 掌握Windows 7操作系统的安装方法
难度指数 ★★★

步骤01 将系统光盘放入光驱中并从光驱引导系统，自动进入安装界面，保持默认选项，单击"下一步"按钮，如图5-1所示。

图5-1 进入安装界面

步骤02 在打开的对话框中单击"现在安装"按钮，如图5-2所示。

图5-2 单击"现在安装"按钮

步骤03 ❶选中"我接受许可条款"复选框，❷单击"下一步"按钮，如图5-3所示。

图5-3 接受许可条款

步骤04 在打开的对话框中单击"自定义(高级)"选项，如图5-4所示。

图5-4　选择安装类型

步骤05 在打开对话框中单击"驱动器选项(高级)"超链接，如图5-5所示。

图5-5　启动驱动器高级选项

步骤06 ❶选择未创建分区的磁盘选项，❷单击"新建"超链接，❸在"大小"文本框中输入C盘的大小，❹单击"应用"按钮，如图5-6所示。

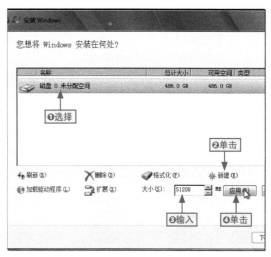

图5-6　创建第一个分区

额外的100MB分区

使用 Windows 7原版安装光盘创建分区，在新建第一个分区时，会提示用户将创建一个系统保留分区，该分区占用100MB空间，用于保存系统引导信息，在 Windows 系统下不可见。

步骤07 ❶继续选择未分配的空间，❷单击"新建"超链接，❸输入分区大小，❹单击"应用"按钮，创建第二个分区，如图5-7所示。

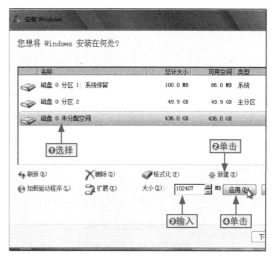

图5-7　创建第二个分区

步骤08 用同样的方法创建其他分区，❶选中用户创建的第一个分区，❷单击"下一步"按钮开始安装系统，如图5-8所示。

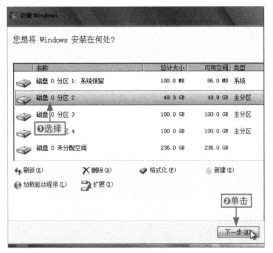

图5-8　选择系统安装的位置

步骤09 安装程序自动完成系统安装并重新启动，❶在打开的对话框中输入用户账户名称，❷单击"下一步"按钮，如图5-9所示。

图5-9　设置用户名称

用户名必须符合规则

在设置用户名的时候，不能使用系统保留的用户名，如Administrator、Guest等。

步骤10 在打开的对话框中设置密码(设置密码后，登录系统时会要求输入密码)或不进行任何输入，直接单击"下一步"按钮，如图5-10所示。

图5-10　跳过用户密码设置

步骤11 在打开的对话框中输入随系统光盘一起购买的产品序列号，单击"下一步"按钮，也可直接单击"跳过"按钮，如图5-11所示。

图5-11　跳过产品密钥输入

联机激活Windows

Windows系统安装后必须要激活才可以不受限制地使用，否则可能导致大部分软件无法正常使用。

步骤12 在打开的对话框中单击"以后询问我"超链接(也可以选择其他更新方式),如图5-12所示。

图5-12 选择自动更新方式

步骤13 ❶在打开的对话框中设置当前的时间和日期(默认为BIOS中的时间和日期),❷单击"下一步"按钮,如图5-13所示。

图5-13 确认系统时间与日期

步骤14 如果电脑已经联网,在打开的对话框中会要求选择网络环境,这里选择"家庭网络"选项,如图5-14所示。

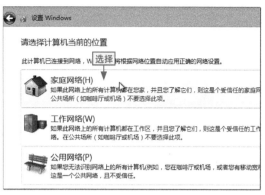

图5-14 确认网络环境

步骤15 刚安装好的系统桌面上仅有一个"回收站"图标。要添加其他系统图标,可在桌面空白处右击,在弹出的快捷菜单中选择"个性化"命令,如图5-15所示。

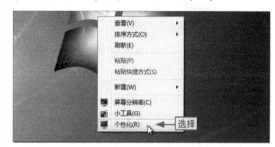

图5-15 选择"个性化"命令

步骤16 在打开的窗口左侧单击"更改桌面图标"超链接,如图5-16所示。

图5-16 单击"更改桌面图标"超链接

步骤17 ❶在打开的对话框中选中需要在桌面上显示的系统图标对应的复选框,❷单击"确定"按钮,如图5-17所示。

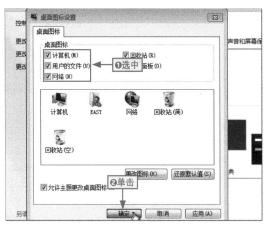

图5-17 选择要显示在桌面上的系统图标

5.1.2 Windows 7升级到 Windows 10

Windows 7作为目前使用人数最多的操作系统，在该系统下升级为Windows 10系统是最方便的。将Windows 7操作系统升级为Windows 10操作系统主要有两种方式，分别是通过第三方软件升级和通过微软官方升级。

1. 通过第三方软件升级操作系统

为了达到推广Windows 10操作系统的目的，微软公司与当前国内市场互联网占有率较高的腾讯和百度进行了战略合作，让它们成为推广Windows 10的第三方，并为国内用户提供免费升级Windows 10操作系统的服务。

下面以百度的"Windows 10直通车"软件为例，讲解通过第三方软件升级Windows 10的具体操作。

学习目标 掌握使用第三方软件升级Windows 10的方法
难度指数 ★★★

步骤01 通过浏览器搜索"Windows 10直通车"，在搜索列表的相应选项下单击"立即下载"按钮，如图5-18所示。

图5-18 下载第三方升级软件

步骤02 安装下载的第三方升级软件，并在桌面上双击该软件图标，即可看到软件自动检测用户电脑是否符合Windows 10升级要求，如图5-19所示。

图5-19 检测电脑升级条件

步骤03 耐心等待一段时间后，当检测出当前电脑符合升级要求时，单击"一键升级"按钮，即可开始Windows 10操作系统的升级，如图5-20所示。

图5-20　开始升级

📖 **步骤04** 此时会自动进入系统文件的下载和安装过程，用户按照相应提示即可轻松完成Windows 10的升级。如图5-21所示，可看到系统升级成功。

图5-21　升级完成

2. 通过微软官方升级操作系统

通过微软官方网站进行系统升级，是最安全的升级方式。不过用户在官方网站上升级Windows 10操作系统之前，需要先准备一个微软账号，其具体操作如下。

学习目标	掌握通过微软官方升级Windows 10的方法
难度指数	★★★

📖 **步骤01** 进入微软官方网站(http://www.microsoft.com/zh-cn)，在其首页面中单击"登录"超链接，然后登录微软账户(没有微软账号可以直接申请)，如图5-22所示。

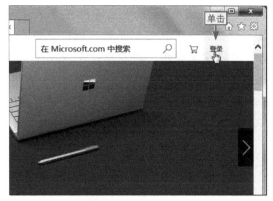

图5-22　登录微软官方网站

📖 **步骤02** ❶在打开的页面中单击"产品"下拉按钮，❷选择"软件和服务"→Windows选项，如图5-23所示。

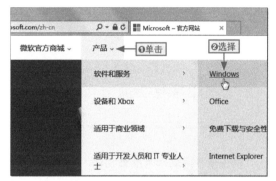

图5-23　选择Windows选项

📖 **步骤03** 在打开的页面中有升级Windows 10操作系统的提示信息，单击"立即升级"按钮，如图5-24所示。

图5-24　立即升级

步骤04 在打开的下载对话框中单击"下载"按钮，即可开始程序的下载。下载完成后，双击安装程序，即可开始Windows 10系统的升级，如图5-25所示。

图5-25 下载升级程序

使用Microsoft账户

Windows 10 系统主打移动办公，用户可以使用一个 Microsoft 账户作为系统账户，当用户在其他 Windows 10 系统中使用相同的账户登录时，可以在各账户之间同步个性化设置和商店中的应用软件。

该账户也可以同时作为其他 Windows 产品要使用的账户，如 Office 2013 和系统自带的邮件、好友等。

5.2 利用第三方工具安装系统

小白：虽然我知道了常规安装操作系统的方法，但是我没有系统安装光盘，是不是要出去购买一张呢？

阿智：不用，你只需要有U盘或者移动硬盘同样可以安装操作系统，此时只需要借助一些第三方工具即可。

现在很多电脑都未配置光驱，或电脑光驱损坏导致无法使用原版光盘安装系统，此时可以借助一些第三方工具进行安装，如使用U盘或移动硬盘安装等。

5.2.1 制作U盘启动盘

U盘启动盘是指通过第三方工具将U盘进行一系列的简单设置后，制作成类似于系统启动盘功能的工具。

1. 使用UltraISO制作

UltraISO(软碟通)是一款功能强大的光盘映像文件制作/编辑/转换工具，它可以直接编辑ISO文件和从ISO中提取文件，或将ISO文件刻录到指定介质中。

用UltraISO制作Windows 7系统安装U盘启动盘的具体操作方法如下。

学习目标 学会用UltraISO制作原版启动U盘
难度指数 ★★★

步骤01 启动UltraISO应用程序，在工具栏中单击"打开"按钮，如图5-26所示。

图5-26 单击"打开"按钮

步骤02 ❶在打开的对话框中选择要使用的ISO映像文件(这里选择下载的Windows 7映像文件)，❷单击"打开"按钮，如图5-27所示。

图5-27　打开映像文件

步骤03 将容量足够的U盘插入电脑USB接口中，❶单击"启动光盘"菜单项，❷选择"写入硬盘映像"命令，如图5-28所示。

图5-28　选择"写入硬盘映像"命令

步骤04 ❶在"硬盘驱动器"下拉列表中选择要使用的U盘，❷保持默认的写入方式选项，

单击"格式化"按钮，如图5-29所示。

图5-29　准备格式化U盘

步骤05 ❶在打开的对话框中保持各选项的默认状态，单击"开始"按钮，❷在打开的对话框中单击"确定"按钮开始格式化U盘，如图5-30所示。

图5-30　格式化U盘

步骤06 ❶返回"写入硬盘映像"对话框，单击"写入"按钮，❷在打开的对话框中单击"是"按钮开始写入硬盘映像，如图5-31所示。

图5-31 开始写入映像

2. 使用魔方U盘启动工具制作

只要有系统安装的ISO映像，制作成启动U盘的工具有很多。如魔方电脑大师中包含的U盘启动工具，用该工具制作Windows 7原版安装光盘的U盘启动盘的操作如下。

学习目标 学会用魔方U盘启动工具制作U盘启动盘
难度指数 ★★★

步骤01 启动魔方U盘启动工具，❶在中间的下拉列表中选择要使用的U盘，❷单击"浏览"按钮，如图5-32所示。

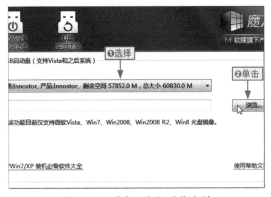

图5-32 准备U盘和映像文件

步骤02 在打开的对话框中选择要使用的映像文件，❶返回系统界面，单击"制作USB启

动盘"按钮，❷在打开的对话框中单击"确定"按钮，开始制作，如图5-33所示。

图5-33 开始制作U盘启动盘

5.2.2 Ghost一键安装系统

Ghost是一款出色的硬盘备份和还原工具，也可以用于快速安装操作系统。网上下载的很多Ghost系统都带有一键安装功能，如用Ghost光盘一键安装Windows 7的具体操作如下。

学习目标 掌握Ghost一键安装系统的方法
难度指数 ★★★

步骤01 通过Ghost系统安装光盘启动电脑，在光盘启动界面选择安装选项，这里选择"把WIN7 SP1安装到C盘"选项，如图5-34所示。

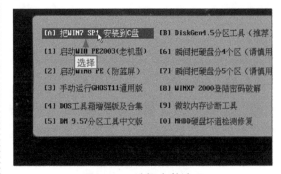

图5-34 选择安装选项

步骤02 软件自动恢复文件到硬盘的第一个分区。在安装过程中，用户可手动选择要安装的驱动，或全程让软件自动安装，如图5-35所示。

图5-35 安装系统

5.2.3 手动运行Ghost安装系统

一键Ghost是将安装系统过程中的一些操作命令的方式定义好。如果用户对Ghost软件较为熟悉，也可以手动进行系统安装，以在Windows PE下手动安装Windows 7为例，其操作方法如下。

学习目标 学会手动运行Ghost安装系统的方法
难度指数 ★★★★

步骤01 通过Ghost系统安装光盘，并启动到Windows PE环境下。运行Ghost工具，在程序主界面单击OK按钮，如图5-36所示。

图5-36 进入程序主界面

步骤02 选择Local→Partition→From Image选项，如图5-37所示。

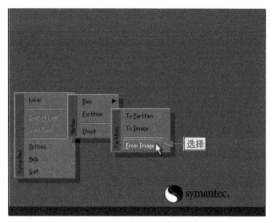

图5-37 选择从映像恢复到分区

步骤03 ❶在打开对话框的Look in下拉列表中选择GHO映像文件所在的位置，❷在下方的列表框中选择要使用的映像文件，如图5-38所示。

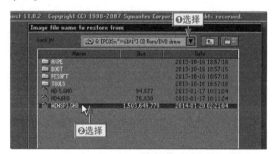

图5-38 选择要使用的映像文件

步骤04 确认要使用的映像文件是正确的，单击OK按钮，如图5-39所示。

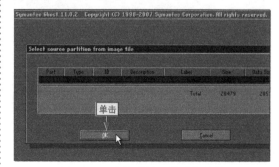

图5-39 确认要使用的映像文件

步骤05 在打开的对话框中选择要还原到的硬盘，如果仅有1块硬盘，直接单击OK按钮，如图5-40所示。

图5-40　确认要还原到的硬盘

步骤06 在打开的对话框中选择文件还原到的分区，❶这里选择第一个分区，❷单击OK按钮，如图5-41所示。

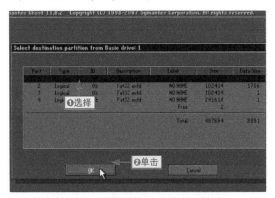

图5-41　选择映像还原到的分区

步骤07 在打开的对话框中单击Yes按钮，开始恢复文件到指定分区，如图5-42所示。

图5-42　确认还原文件

步骤08 在系统还原完成后，单击Reset Computer按钮，重启电脑即可完成操作，如

图5-43所示。

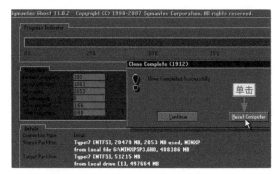

图5-43　完成系统还原

5.2.4 在Windows PE下安装原版系统

如果没有光驱，用一些系统维护映像制作成可启动的U盘，在Windows PE下可以安装原版系统。以杏雨梨云U盘维护工具安装Windows 7原版系统为例，其操作方法如下。

学习目标	掌握使用U盘安装原版系统的方法
难度指数	★★★★

步骤01 通过U盘启动到Windows PE环境下，根据工具的不同，用正确的方法启动虚拟光驱程序，如图5-44所示。

图5-44　启动虚拟光驱

步骤02 ❶在打开的窗口中单击"装载"按钮，❷在打开的对话框中单击"映像文件"文本框右侧的"浏览"按钮，如图5-45所示。

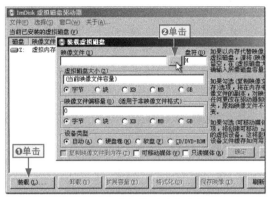

图5-45　准备装载映像文件

步骤03 ❶在打开的对话框中选择要加载的原版系统映像文件，❷返回"装载虚拟磁盘"对话框，单击"确定"按钮，如图5-46所示。

图5-46　装载映像文件

系统安装工具的选择

目前很多系统维护光盘的 Windows PE 系统中都集成了很多系统安装工具，但用户需要根据自己要安装的系统版本进行选择，如NT5 通用安装器只能安装 Windows XP 和 Windows 2003，NT6 安装器支持安装 Windows Vista/7/10 等，其中 IQI 一键安装工具使用起来最方便。用户在选择工具时，要尽量选择自己熟悉的工具，以免不会操作而导致系统安装出错。

步骤04 根据要安装的系统和习惯选择要使用的安装工具，这里使用"WinNTSetup系统通用安装"工具，如图5-47所示。

图5-47　选择安装工具

步骤05 ❶在打开对话框的"install.wim文件的位置"栏中单击"选择"按钮，❷在打开的对话框中选择install.wim文件，❸单击"打开"按钮，如图5-48所示。

图5-48　选择安装引导文件

步骤06 首先确认"引导磁盘的位置"和"安装磁盘的位置"都是正确的，然后在"版本"下拉列表中选择要安装的系统版本，如图5-49所示。

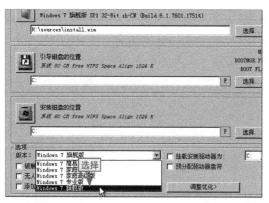

图5-49　选择安装版本

两个位置的选择

　　"引导磁盘的位置"和"安装磁盘的位置"可以不完全相同，如可以使用光盘安装时创建的额外分区作为引导磁盘，而用户创建的第一个分区作为安装磁盘。

步骤07　❶可根据需要单击"调整优化"按钮，❷在打开的对话框中选择需要优化的复选框对系统进行快速优化，如图5-50所示。

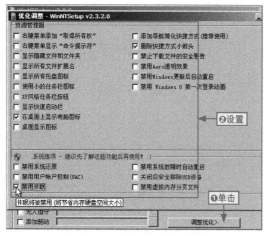

图5-50　安装时进行系统优化

系统版本的选择

　　Windows 7原版安装光盘中包含了多个系统版

本，在安装的时候会根据用户使用的序列号来决定激活哪个版本的系统。

步骤08　❶关闭对话框，在返回的窗口中单击"开始安装"按钮，❷在打开的对话框中选中"如果安装成功，将自动重新启动计算机"复选框，❸单击"确定"按钮开始安装，如图5-51所示。

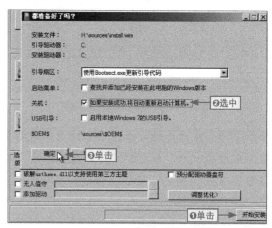

图5-51　安装的最后设置

步骤09　程序将自动进行安装部署，完成后会自动重启，之后的操作过程与全新安装Windows 7的操作过程完成相同，如图5-52所示。

图5-52　后续安装步骤

5.3 多操作系统的安装与设置

小白：由于现在新出了Windows 10，我想对其进行体验。但我又习惯用Windows 7，真是不知道应该选择安装哪一个操作系统好了。

阿智：其实这个问题很简单啊，你将两个操作系统都安装上就解决了。下面就介绍如何进行多操作系统的安装。

如果用原版系统安装光盘执行安装操作，只要遵循从低版本系统到高版本系统的安装原则，多系统的安装就会非常简单。若选择Ghost光盘来安装，难度就比使用原版光盘安装多系统要大一些。不过使用Ghost系统安装无须在乎系统版本的顺序，因为Ghost不会重写主引导程序。

5.3.1 调整分区大小

为了顺利完成安装，可以在原有分区的基础上为新系统划分出一个独立的空间，并将其设置为主分区，其具体操作方法如下。

学习目标　掌握调整分区大小的方法
难度指数　★★★

步骤01 用带分区工具的光盘启动电脑，在打开的界面中选择"DiskGen4.5分区工具(推荐)"选项，如图5-53所示。

图5-53　选择分区工具

步骤02 ❶选择原系统安装的分区，❷单击"分区"菜单项，❸选择"调整分区大小"命令，如图5-54所示。

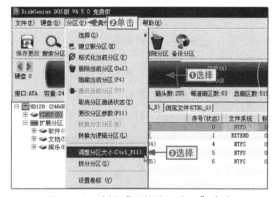

图5-54　选择"调整分区大小"命令

步骤03 ❶在打开对话框的"分区后部的空间"文本框中输入划分出来的空间大小，❷单击其右侧的下拉按钮，❸选择"建立新分区"选项，如图5-55所示。

图5-55　设置分区大小

步骤04 ❶单击"开始"按钮，❷在打开的对话框中单击"是"按钮开始调整分区，如图5-56所示。

图5-56　开始调整分区大小

步骤05 单击"完成"按钮关闭对话框，❶在新划分出来的分区上右击，❷选择"转换为主分区"命令，如图5-57所示。

图5-57　转换为主分区

步骤06 ❶单击"保存更改"按钮，❷在打开的对话框中单击"是"按钮完成设置，然后重新启动电脑，如图5-58所示。

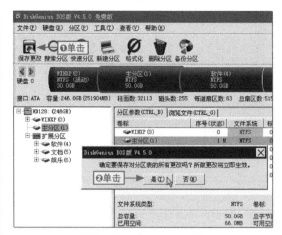

图5-58　保存分区设置

5.3.2　在Windows 7系统中安装Windows 10

如果当前系统使用的是Windows 7，要体验Windows 10操作系统，也可以在调整好分区后使用原版光盘直接安装，其具体操作方法如下。

学习目标　掌握用原版光盘安装Windows7/10双系统
难度指数　★★★

步骤01 在分区调整好以后，将Windows 10原版安装光盘放入光驱，从光驱启动，在屏幕上出现提示信息时按任意键从光盘引导，如图5-59所示。

图5-59　从光盘引导系统

步骤02 在打开的对话框中单击"下一步"按钮，然后再单击"现在安装"按钮启动安装程序，如图5-60所示。

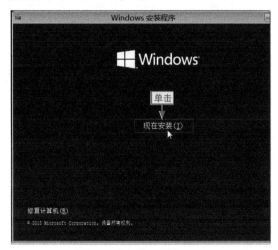

图5-60 启动安装程序

步骤03 ❶在打开对话框的文本框中输入正确的安装密钥(可在购买系统光盘的包装盒内找到)，❷单击"下一步"按钮，如图5-61所示。

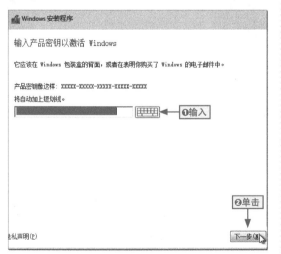

图5-61 输入产品密钥

步骤04 ❶在打开的对话框中选中"我接受许可条款"复选框，❷单击"下一步"按钮，如图5-62所示。

图5-62 接受许可条款

步骤05 在打开的对话框中单击"自定义：仅安装Windows(高级)"选项，如图5-63所示。

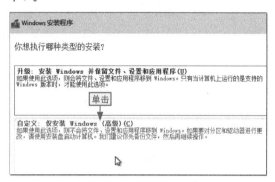

图5-63 选择安装类型

步骤06 在打开的对话框中选择系统安装的位置，❶这里选择分区2，❷单击"下一步"按钮，如图5-64所示。

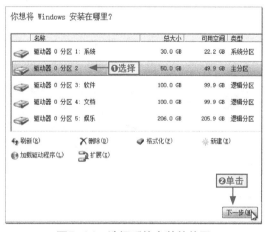

图5-64 选择系统安装的位置

步骤07 之后系统即可自动进行安装，在安装完成后，电脑再次启动时可以选择要使用的系统，如图5-65所示。

图5-65　可选择要使用的系统

5.3.3　更改菜单等待时间和默认系统

在Windows 7系统下用原版光盘安装了Windows 10以后，默认等待30秒再自动启动Windows 10。要更改此时间和默认启动的系统，可按如下方法进行。

学习目标 学会在Windows 7中简单调整启动菜单
难度指数 ★★★

步骤01 ❶在"计算机"图标上右击，❷选择"属性"命令，如图5-66所示。

图5-66　选择"属性"命令

步骤02 在打开的窗口左侧单击"高级系统设置"超链接，如图5-67所示。

图5-67　单击"高级系统设置"超链接

步骤03 在打开对话框的"启动和故障恢复"栏中单击"设置"按钮，如图5-68所示。

图5-68　单击"设置"按钮

步骤04 ❶在"默认操作系统"下拉列表中选择默认打开"启动和故障恢复"对话框，启动的操作系统，❷在"显示操作系统列表的时间"右侧的文本框中输入菜单显示的时间，❸单击"确定"按钮，如图5-69所示。

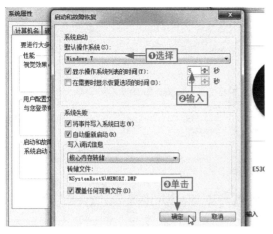

图5-69 更改设置

5.3.4 修复Windows 7引导功能

在Windows 7系统中安装Windows 10系统后，可能会导致Windows 7无法引导，此时可以借助原版安装光盘来修复引导功能，其具体操作如下。

学习目标 掌握用原版光盘修复Windows 7
难度指数 ★★★

步骤01 通过任意方式引导并启动DiskGenius分区工具，❶在Windows 7所在分区上右击，❷选择"激活当前分区"命令，如图5-70所示。

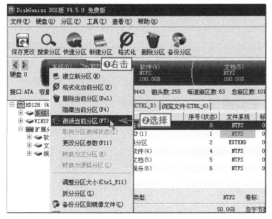

图5-70 激活分区

步骤02 在打开的对话框中单击"是"按钮确认，❶单击"硬盘"菜单项，❷选择"重建主引导记录"命令，如图5-71所示。

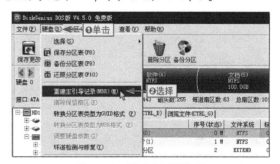

图5-71 重建主引导记录

步骤03 在打开的提示对话框中依次单击"确定"和"是"按钮完成操作，如图5-72所示。

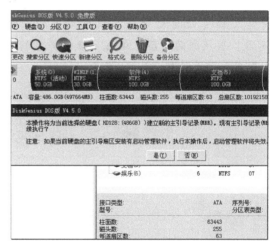

图5-72 完成主引导记录的重建

步骤04 将Windows 7原版安装光盘放入光驱并从光盘启动电脑，按任意键从光盘引导，如图5-73所示。

图5-73 用原版光盘引导系统

步骤05 在打开的窗口中单击"下一步"按钮，在进入的窗口中单击左下角的"修复计算机"超链接，如图5-74所示。

图5-74　单击"修复计算机"超链接

步骤06 系统自动查找系统启动过程中的问题，当找到问题后，单击"修复并重新启动"按钮进行修复，如图5-75所示。

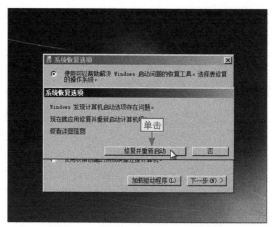

图5-75　自动修复系统并重新启动

修复后不能启动

如果单击"修复并重新启动"按钮，重新启动后仍不能进入系统，则可以再次执行相同的操作，在图5-75中单击"否"按钮，然后根据提示再次进行修复。

5.4 使用注册表优化操作系统

阿智：你已经在使用新安装的Windows 7系统啦，感觉如何？

小白：没有特别明显的感觉，就是用着不是很顺畅，操作时反应比较慢，而且开机要很长时间。

阿智：这是因为新安装的操作系统都需要进行优化，而优化系统最常见的方式是对注册表进行设置。下面就来教你一些常规的注册表设置方法。

注册表可以算是Windows系统的命脉，Windows系统的所有设置和应用程序配置都可以在其中找到它们的身影，它也是直接关系到系统及应用软件是否能正常运行的重要因素。

5.4.1 初步了解Windows注册表

注册表是Windows系统的一个重要数据库，用于存储系统和应用程序的设置信息。从系统启动到用户关闭电脑，整个过程都会有注册表的参与。

1. 注册表的基本作用

在Windows操作系统中，注册表的基本作用可简单归纳为如图5-76所示的几点。

学习目标 了解Windows注册表在系统中的基本作用
难度指数 ★★★

记录硬件配置

注册表中记录了所有硬件的驱动及硬件当前的配置情况，系统在访问硬件之前，首先通过注册表获取硬件的相关信息，再向适合执行指定操作的硬件发出不违背其配置的命令。

记录安装信息

程序在添加到电脑系统中时，都会向注册表提交安装路径以及程序的版本、版权号等信息；同时，注册表还负责获取应用程序的用户配置信息以供启动程序时调用。

定制Windows及应用软件

Windows系统的所有设置都可通过注册表编辑器更改注册表来实现，很多应用软件的默认工作目录、启动方式、工作界面等信息也可以通过注册表进行修改。

图5-76 注册表的基本作用

2. 注册表编辑器的组成

在使用注册表编辑器之前，有必要先了解一下Windows注册表编辑的各组成部分，其窗口如图5-77所示。

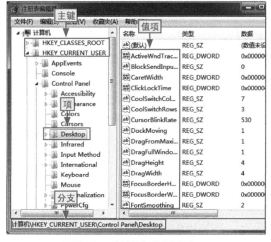
图5-77 注册表编辑器窗口

学习目标 了解注册表编辑器的各部分名称
难度指数 ★★★

主键

也称根键，是首次打开注册表时显示在左侧目录树中以HKEY开头的几个选项，类似于Windows资源管理器中的磁盘分区。注册表中共有5个主键，如图5-78所示。

图5-78 注册表的5个主键

项

也可称为"键"，包含附加的文件夹和一个或多个值。在注册表编辑器左侧的目录树中除主键外的所有项目都可以称为项，如图5-79所示。

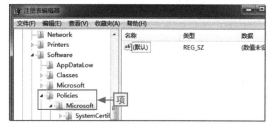
图5-79 注册表中的项

分支

代表一个特定的键及其所包含的一切内容，如HKEY_CURRENT_USER\Control Panel就是一个分支，如图5-80所示。

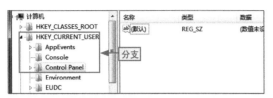

图5-80　注册表中的分支

值项

每个分支或键右侧的各选项都是一个值项，都由名称、类型和数据3部分组成，如图5-81所示。

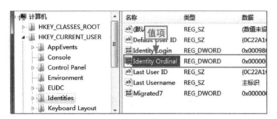

图5-81　注册表中的值项

5.4.2　注册表的基本操作

在使用注册表优化系统前，需要对其基本操作有所了解，具体介绍如下。

1. 打开与关闭注册表编辑器

要查看注册表内容或更改注册表设置，都需要经过注册表编辑器来实现，因此打开与关闭注册表编辑器是注册表最基本的操作。

学习目标　掌握打开与关闭注册表编辑器的方法
难度指数　★★

通过"开始"菜单打开

打开"开始"菜单，❶输入命令regedit进行搜索，❷在搜索结果上右击，选择"以管理员身份运行"命令，打开注册表编辑器，如

图5-82所示。

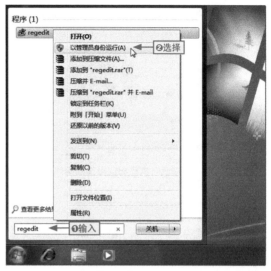

图5-82　通过"开始"菜单打开注册表编辑器

通过运行命令打开

在任意位置按Windows+R组合键，打开"运行"对话框，❶在"打开"文本框中输入regedit文本，❷单击"确定"按钮打开注册表编辑器，如图5-83所示。

图5-83　运行命令打开注册表编辑器

双击文件打开

打开Windows资源管理器，❶浏览到系统分区的Windows\System32目录，❷双击regedt32项目，打开注册表编辑器，如图5-84所示。

图5-84 双击文件打开注册表编辑器

单击按钮关闭

在注册表编辑器中单击右上角的"关闭"按钮,可关闭注册表编辑器,如图5-85所示。

图5-85 单击按钮关闭注册表编辑器

选择命令关闭

❶在注册表编辑器中单击"文件"菜单项,❷选择"退出"命令,如图5-86所示。

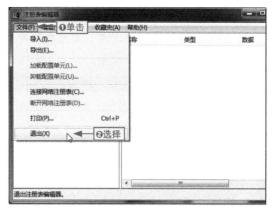

图5-86 通过命令关闭注册表编辑器

2. 备份与恢复注册表

注册表相对于Windows系统来说是一个非常重要的数据库,在对其进行修改之前,应做好备份工作,以便在修改出错时恢复到备份状态。备份与恢复注册表的具体操作如下。

学习目标 学会备份注册表并在需要的时候恢复注册表
难度指数 ★★★

步骤01 ❶在注册表编辑器左侧的目录树中选择要备份的项目,❷单击"文件"菜单项,❸选择"导出"命令,如图5-87所示。

图5-87 导出注册表文件

電腦組裝、維護與故障排除（第2版）

步驟02 ❶在打開的對話框中選擇文件保存的位置，❷輸入備份文件的名稱，❸完成後單擊"保存"按鈕，如圖5-88所示。

图5-88 保存注册表文件

步驟03 如果需要恢復備份的註冊表，❶可在註冊表編輯器中單擊"文件"菜單項，❷選擇"導入"命令，如圖5-89所示。

图5-89 准备恢复注册表

步驟04 ❶在打開的"導入註冊表文件"對話框中找到並選擇備份的註冊表文件，❷單擊"打開"按鈕，如圖5-90所示。

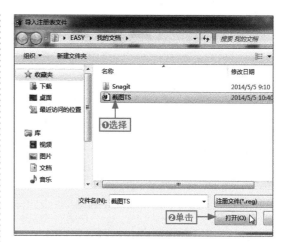

图5-90 导入注册表备份文件

步驟05 在打開的對話框中單擊"確定"按鈕，完成註冊表的恢復，如圖5-91所示。

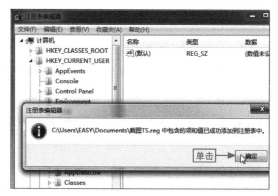

图5-91 完成注册表的恢复

3. 添加与删除值项

与註冊表的項一樣，用戶也可以在特定的分支下新建值項或刪除不需要的值項，其具體操作方法如下。

学习目标 在注册表指定位置添加值项或删除多余的值项
难度指数 ★★★

步驟01 ❶選擇要在其下添加新值項的分支，❷在右側空白處右擊，選擇"新建"命令，❸在其子菜單中選擇值項類型，如圖5-92所示。

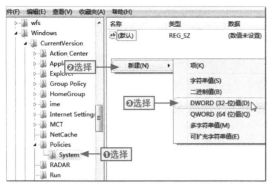

图5-92 新建值项

步骤02 输入新的值项名称后按Enter键，完成新值项的新建，如图5-93所示。

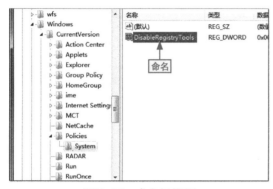

图5-93 命名新值项

步骤03 如果要删除某个值项，可在其上右击，选择"删除"命令，如图5-94所示。

图5-94 删除值项

步骤04 在打开的对话框中单击"是"按钮确认删除值项，如图5-95所示。

图5-95 确认删除值项

5.4.3 删除多余的启动项

Windows在启动时会有一些自动启动程序。为了加快系统启动速度，可以通过注册表删除一些不必要的开机启动项，其具体操作如下。

学习目标 学会在注册表中删除多余的自动启动程序
难度指数 ★★★

步骤01 打开注册表编辑器，展开HKEY_CURRENT_USER\Software\Microsoft\Windows\CurrentVersion\Run分支，如图5-96所示。

图5-96 展开注册表分支

步骤02 ❶在右侧窗格中需要删除的值项上右

击，❷选择"删除"命令(也可选择值项后按Delete键)，如图5-97所示。

图5-97　删除多余的启动项

步骤03 在打开的对话框中单击"是"按钮确认删除值项，如图5-98所示。

图5-98　确认删除值项

小绝招

自动启动项出现的位置

除了这里讲解的分支外，在注册表的 HKEY_LOCAL_MACHINE\SOFTWARE\Microsoft\Windows\CurrentVersion 分支下可能有 Run-、RunOnce、RunOnce- 等项，这些项下也会有自动启动程序。

5.4.4 关闭系统休眠功能

系统休眠功能会占用很大一部分硬盘空间。通过修改注册表参数，可以关闭系统休眠功能，其具体操作如下。

学习目标　学会通过注册表关闭系统休眠以节省磁盘空间
难度指数　★★★

步骤01 在注册表编辑器中依次展开HKEY_LOCAL_MACHINE\SYSTEM\ControlSet001\Control\Power项目，如图5-99所示。

图5-99　展开注册表分支

步骤02 ❶双击HibernateEnabled值项，❷在打开的对话框中输入0，❸再单击"确定"按钮，如图5-100所示。

图5-100　修改值项参数

5.4.5　去除桌面快捷方式的小箭头

在Windows 7桌面上创建文件、文件夹及应用程序的快捷方式时，快捷方式图标上都会有一个小箭头。通过修改注册表可以去掉该箭头，其具体操作如下。

学习目标 学会通过修改注册表去掉快捷方式的小箭头
难度指数 ★★★

步骤01 ❶在注册表编辑器中依次展开HKEY_CLASSES_ROOT\lnkfile分支，❷在右侧窗格中选择IsShortcut值项，如图5-101所示。

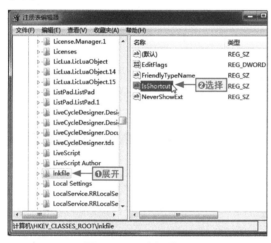

图5-101　选择值项

步骤02 按Delete键，在打开的对话框中单击"是"按钮确认删除，如图5-102所示。

图5-102　确认删除值项

步骤03 ❶展开HKEY_CLASSES_ROOT\piffile分支，❷选择IsShortcut值项并右击，在打开的快捷菜单中选择"删除"命令，如图5-103所示。

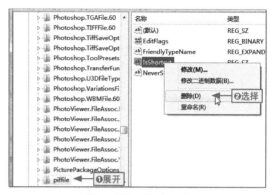

图5-103　删除值项

5.4.6　加快系统开机速度

Windows 7系统开机速度相对于Windows XP系统而言要慢很多。通过更改注册表的值，可以适当提高其开机速度，具体操作如下。

学习目标 通过修改注册表加快Windows开机速度
难度指数 ★★★

步骤01 展开HKEY_LOCAL_MACHINE\SYSTEM\CurrentControlSet\Control\Session Manager\Memory Management\PrefetchParameters分支，如图5-104所示。

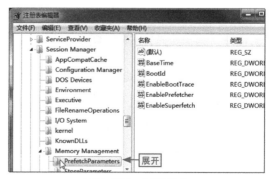

图5-104　展开分支

步骤02 ❶在右侧双击EnablePrefetcher值项，❷在打开的对话框中将"数值数据"改为2，❸单击"确定"按钮，如图5-105所示。

图5-105 更改参数值

EnablePrefetcher值项

EnablePrefetcher 值项代表的是 Windows 系统的预读功能，通过设置不同的参数值来管理系统启动时预读哪些内容，如果电脑是主流配置，不建议修改，否则可按表 5-1 所示的参数值，根据自己电脑的情况进行修改（不建议改为 0）。

表5-1 EnablePrefetcher的参数说明

参数值	说明
0	关闭预读功能
1	只预读应用程序
2	只预读Windows系统文件
3(默认)	预读Windows系统文件和应用程序

5.4.7 自动关闭停止响应的程序

在系统运行中，某些程序可能会停止响应，等待很长时间也不能恢复。通过修改注册表参数，可以使Windows在等待一定时间后自动结束停止响应的程序，其具体操作如下。

学习目标　通过注册表提高系统运行效率
难度指数　★★★

步骤01 在注册表编辑器中展开HKEY_CURRENT_USER\Control Panel\Desktop分支，如图5-106所示。

图5-106 展开分支

步骤02 ❶双击WaitToKillAppTimeout值项，❷将其参数改为5000或1000等较小的值，❸单击"确定"按钮，如图5-107所示。

图5-107 调整值项参数

自动结束程序等待时间不宜太短

在设置WaitToKillAppTimeout值项的参数时，等待时间不宜过短，否则某些较大的程序可能还来不及响应就被操作系统结束了。建议设置值不要低于1000（1 秒）。

给你支招 | 到哪里去找 install.wim 文件

小白： 在Windows PE下安装原版系统，无论是哪种安装工具，都要求指定install.wim文件。那么要到哪里去找这个文件呢？

阿智： install.wim文件是Microsoft系统部署程序，可以快速安装Windows系统。在Windows 7和Windows 8原版系统安装光盘中，install.wim文件位于光盘根目录下的sources文件夹中。如果是解压到文件夹中的，也必须放到相应的位置才可以正确完成安装。

给你支招 | 如何加快操作系统的关机速度

小白： 我每次关闭电脑，都要等待很长一段时间才能完全关闭。有没有什么办法可以加快电脑关机速度呢？

阿智： Windows系统在关机时会结束当前正在运行的所有程序和服务，然后再关机。通过更改注册表，可适当提高关机速度，其具体操作如下。

步骤01 在注册表编辑器中展开HKEY_CURRENT_USER\Control Panel\Desktop分支，如图5-108所示。

步骤02 ❶在右侧窗格空白处右击，❷选择"新建"→"DWORD(32位)值"选项，新建一个值项，如图5-109所示。

图5-108 展开分支

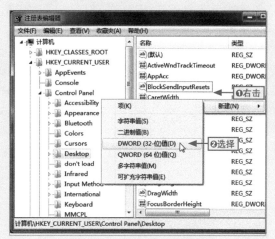

图5-109 新建DWORD值

步骤03 将新建项命名为AutoEndTasks，❶双击该项，❷将其值设置为1，❸再单击"确定"按钮，如图5-110所示。

步骤04 用同样的方法新建WaitToKillApp Timeout和HungAppTimeout值项，分别设置它们的参数为2000和4000，如图5-111所示。

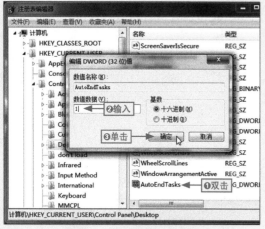

图5-110　修改键值数据

图5-111　新建值项并设置数值

给你支招 ｜ 为什么删除 IsShortcut 值项后没有效果

小白： 我在注册表中删除了HKEY_CLASSES_ROOT\lnkfile分支和HKEY_CLASSES_ROOT\piffile分支下的IsShortcut值项，为什么快捷方式上还是有小箭头？

阿智： 桌面上的图标外观样式都保存在系统的图标缓存中，在注册表中删除了IsShortcut值项后，只有重置图标缓存后才能看到效果。要重置图标缓存，最简单的方法是注销后重新登录或重新启动电脑，也可以通过任务管理器结束explorer.exe进程(Windows资源管理器)，然后运行该命令重启资源管理器即可。

Chapter

06

Windows 7 系统
设置快速上手

学习目标

　　随着Windows XP系统的退市，越来越多的人都开始习惯使用Windows 7系统，并慢慢接触最新的Windows 10系统。由于Windows 10系统推出不久，更多的人还是选择使用已经较为成熟的Windows 7系统。要使Windows 7系统使用起来更加顺手，可以对系统进行一些必要的设置。

本章要点

- 将常用图标放到桌面上
- 修改系统主题
- 更改用户账户头像
- 更改系统文件夹的位置
- 在任务栏上添加和删除快捷图标

......

- 更改库图标指向位置
- 禁用不必要的开机启动项
- 提高系统启动速度
- 加快窗口的切换速度
- 关闭系统声音

......

知识要点	学习时间	学习难度
让系统更加个性化	50分钟	★★★
让系统运行更流畅	60分钟	★★★★
让系统更加安全	60分钟	★★★★

6.1 让系统更加个性化

小白：我将操作系统安装成功后，但它默认显示的桌面我不是很喜欢，可以怎么对其设置呢？

阿智：很多用户在新安装操作系统后都会进行一些个性化设置，如显示图标的调整、重新应用主题等，下面就来介绍这些常用的设置。

对于很多用户而言，经常需要面对电脑，都希望让电脑显示方式具有自己的个性，因此在装好系统之后，很多人都喜欢进行一些个性化设置。

6.1.1 将常用图标放到桌面上

Windows 7系统安装完成后，桌面上默认只有一个"回收站"图标，此时可以根据需要自定义桌面图标。

1. 将系统图标放到桌面上

在"桌面图标设置"对话框中可以快速将"计算机""网络"和"用户文档"等几个图标放到桌面上，其具体操作方法如下。

学习目标 掌握向桌面添加系统图标的方法
难度指数 ★★

步骤01 ❶在桌面空白处右击，❷在弹出的快捷菜单中选择"个性化"命令，如图6-1所示。

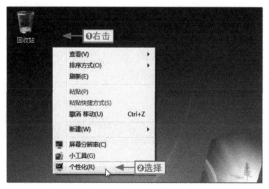

图6-1 选择"个性化"命令

步骤02 在打开的窗口中单击"更改桌面图标"超链接，如图6-2所示。

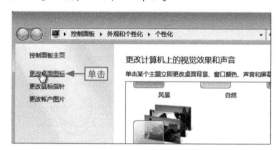

图6-2 打开"个性化"窗口

步骤03 ❶在打开的对话框中选中需要显示的选项对应的复选框，❷单击"确定"按钮关闭对话框，如图6-3所示。

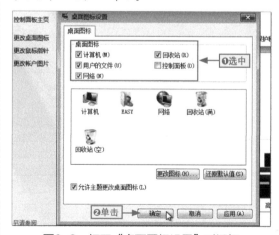

图6-3 打开"桌面图标设置"对话框

2. 将应用程序图标放到桌面上

系统中安装了应用程序以后，为了方便启动程序，可以将一些常用的程序图标放到桌面上，其具体操作方法如下。

步骤01 在桌面双击"计算机"图标或按Windows+E组合键，如图6-4所示。

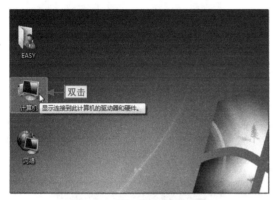

图6-4 双击"计算机"图标

步骤02 打开Windows资源管理器，找到应用程序所在的目录，❶在需要创建快捷方式的应用程序上右击，❷选择"发送到"→"桌面快捷方式"命令，如图6-5所示。

图6-5 创建应用程序快捷方式

6.1.2 修改系统主题

设置Windows系统主题的方法有两种，分别是使用内置的主题和在官网上下载新的主题。

1. 使用内置的主题

Windows 7系统提供了多种内置的主题样式，包含桌面背景、窗口颜色以及系统声音等内容。要使用系统内置的主题样式，其具体操作方法如下。

步骤01 ❶在桌面空白处右击，❷在弹出的快捷菜单中选择"个性化"命令，如图6-6所示。

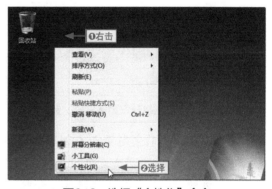

图6-6 选择"个性化"命令

步骤02 在打开的窗口右侧选择要使用的主题选项，如图6-7所示。

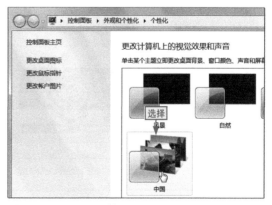

图6-7 选择要使用的内置主题

2. 在官网下载新的主题

除使用Windows 7内置的几种主题样式外，在Microsoft官网上提供了更多的主题供用户下载使用。例如要下载一个假日和季节类主题，其具体操作方法如下。

学习目标 掌握在Microsoft官方网站下载主题的方法
难度指数 ★★

步骤01 打开"个性化"窗口，在右侧单击"联机获取更多主题"超链接，如图6-8所示。

图6-8 单击"联机获取更多主题"超链接

步骤02 ❶在打开的主题页面左侧单击想找的主题分类超链接，❷单击看中的主题的缩略图或其下方的"详细信息"超链接，如图6-9所示。

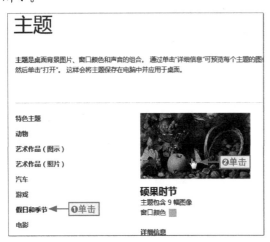

图6-9 查看详细信息

步骤03 在打开的页面中查看各图片的效果，确认后单击"下载主题"按钮开始下载选定的主题，如图6-10所示。

图6-10 开始下载主题

步骤04 ❶单击"保存"按钮右侧的下拉按钮，❷在打开的下拉列表中选择"另存为"命令，如图6-11所示。

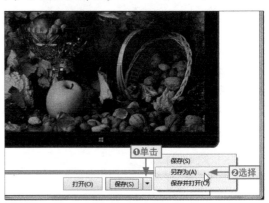

图6-11 另存文件

步骤05 ❶在打开的对话框中选择文件保存位置，❷单击"保存"按钮开始下载，如图6-12所示。

直接下载主题

如果用户确定要使用某个主题，可以在图6-11中单击"下载"按钮直接下载。

图6-12　选择主题保存位置

图6-14　准备设置桌面背景

步骤06 下载完成后，在主题保存的位置双击下载的主题文件，系统自动安装并应用下载的主题，如图6-13所示。

步骤02 在打开的对话框中显示了当前主题包含的图片，取消选中不需要显示的图片对应的复选框，如图6-15所示。

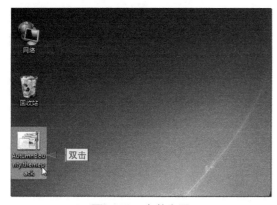

图6-13　安装主题

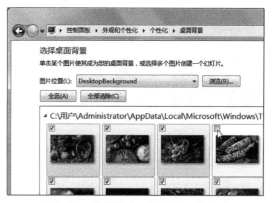

图6-15　取消选中不需要显示的图片

3. 修改内置的主题

每一种主题都包含有自己的桌面背景图片和颜色，用户也可以对主题的背景图片和窗口颜色进行更改，其具体操作方法如下。

学习目标 掌握调整Windows 7主题的方法
难度指数 ★★

步骤01 打开"个性化"窗口，在右侧单击"桌面背景"超链接，如图6-14所示。

多张图片的选择

在选择桌面背景图片时，如果仅选择了一张背景图片，图片切换的选项将不可用，并且在桌面空白处右击，也不会出现"下一个桌面背景"命令。

步骤03 ❶在"图片位置"下拉列表中选择背景图片的展示方式，❷在"更改图片时间间隔"下拉列表中选择图片切换时间，如图6-16所示。

图6-16　设置背景图片效果

步骤04 ❶选中"无序播放"复选框，❷单击"保存修改"按钮，如图6-17所示。

图6-17　保存修改

使用其他图片

　　如果要使用当前主题以外的其他图片，可以在"图片位置"下拉列表相应的选项中进行查找，也可以单击其右侧的"浏览"按钮，在打开的对话框中查找并选择需要的图片。

步骤05 返回"个性化"窗口，单击"窗口颜色"超链接，如图6-18所示。

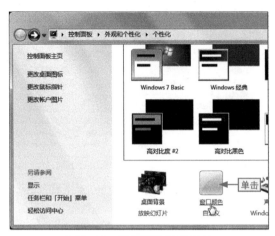

图6-18　准备更改窗口颜色

步骤06 ❶在打开的页面中选择内置的颜色选项，❷可拖动"颜色浓度"滑块调整所选颜色的浓度，如图6-19所示。

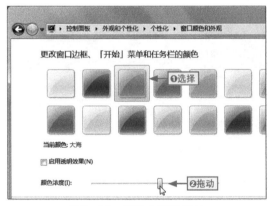

图6-19　调整内置的颜色

步骤07 单击"保存修改"按钮返回"个性化"窗口，在"我的主题"栏中单击"保存主题"超链接，如图6-20所示。

图6-20　完成主题更改并保存

步骤08 ❶在打开的对话框中输入主题的名称，❷单击"保存"按钮保存主题，如图6-21所示。

图6-21　保存更改后的主题

6.1.3　更改用户账户头像

在"开始"菜单的右上角显示了当前用户账户名称和头像，用户可以将该头像更改为自己喜欢的图片，其具体操作方法如下。

学习目标　将用户账户头像更改为自己喜欢的图片
难度指数　★★

步骤01 ❶单击"开始"按钮，❷在"开始"菜单中单击用户账户图标，如图6-22所示。

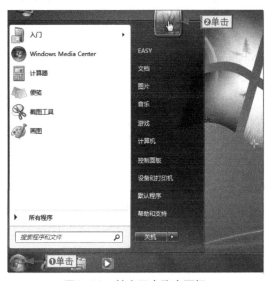

图6-22　单击用户账户图标

步骤02 在打开的窗口中单击"更改图片"超链接，如图6-23所示。

图6-23　准备更改图片

步骤03 在打开的页面中选择要使用的图片，或单击"浏览更多图片"超链接，如图6-24所示。

图6-24　浏览更多图片

步骤04 ❶在打开的对话框中选择要使用的图片，❷单击"打开"按钮，如图6-25所示。

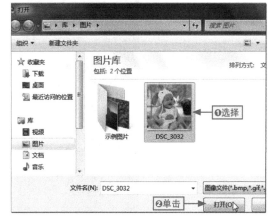

图6-25　打开要使用的图片

步骤05 自动返回"用户账户"窗口。关闭窗口后，再次打开"开始"菜单，即可看到效果，如图6-26所示。

图6-26 查看设置效果

6.1.4 更改系统文件夹的位置

系统的几个常用文件夹默认位置都在系统盘，可以将这些文件夹移动到非系统分区中以便保存，其具体操作如下。

学习目标 将用户文件夹移动到D盘指定位置
难度指数 ★★★

步骤01 ❶单击"开始"按钮，❷单击用户文件夹按钮，如图6-27所示。

图6-27 打开个人文件夹

步骤02 ❶在"我的文档"文件夹上右击，❷选择"属性"命令，如图6-28所示。

图6-28 设置文件夹属性

步骤03 ❶在打开的对话框中单击"位置"选项卡，❷单击"移动"按钮，如图6-29所示。

图6-29 准备移动文件夹

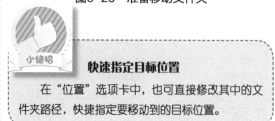

快速指定目标位置

在"位置"选项卡中，也可直接修改其中的文件夹路径，快捷指定要移动到的目标位置。

步骤04 在打开的对话框中浏览到需要移动到的目标位置，在工具栏中单击"新建文件夹"按钮，如图6-30所示。

图6-30 新建文件夹

步骤05 ❶输入新文件夹名称Documents，按Enter键确认，并选择该文件夹，❷单击"选择文件夹"按钮，如图6-31所示。

图6-31 选择要使用的文件夹

步骤06 ❶在返回的对话框中单击"应用"按钮，❷在打开的对话框中单击"是"按钮应用新的文件夹位置，如图6-32所示。

小绝招

选择正确的时间移动文件夹

在移动系统文件夹的位置时，建议是在刚安装好的新系统，系统开机后未进行其他任何操作时进行，成功率会更高。

图6-32 确认位置移动

6.1.5 在任务栏上添加和删除快捷图标

Windows 7的任务栏上可以放置程序的快捷图标，用于快速启动应用程序，也可以将不需要的图标从任务栏上删除，其具体操作如下。

学习目标 学会在任务栏中添加和删除程序图标
难度指数 ★★★

步骤01 将应用程序快捷方式从任意位置拖动到任务栏的空白位置，当出现提示信息后释放鼠标，如图6-33所示。

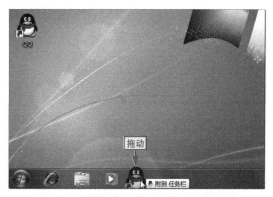

图6-33 将快捷方式图标拖动到任务栏

步骤02 如果要将快捷图标从任务栏删除，可在任务栏的图标上右击，选择"将此程序从任务栏解锁"选项，如图6-34所示。

图6-34 删除快捷方式图标

通过快捷菜单创建快捷图标

在需要添加到任务栏的应用程序上右击，选择"锁定到任务栏"命令，也可以将程序的快捷图标添加到任务栏上。

6.1.6 更改库图标指向位置

单击Windows 7任务栏上的"Windows资源管理器"图标会打开"库"文件夹，用户可通过简单的设置将其默认位置改为任意需要的目录，其具体操作如下。

学习目标 学会更改Windows资源管理器的目标位置
难度指数 ★★★

步骤01 ❶在"Windows资源管理器"图标上右击，❷在打开的下拉列表的"Windows资源管理器"选项上右击，❸选择"属性"命令，

如图6-35所示。

图6-35 选择"属性"命令

步骤02 ❶在"目标"文本框的代码后面添加一个空格，输入"''"，❷单击"确定"按钮关闭对话框，如图6-36所示。

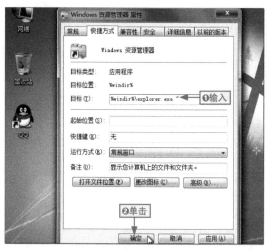

图6-36 更改目标位置

"目标"文本框中的代码

文件夹的目标位置"%windir%\explorer. exe"表示Windows系统的资源管理器，在其后方添加一些代码，表示启动该程序时附加的命令。如"''"和","均可打开"计算机"窗口，"'"可直接打开"我的文档"窗口。

6.2　让系统运行更流畅

小白：我将电脑系统进行个性化设置后，发现系统运行变缓慢了，这是怎么回事儿呢？

阿智：因为对电脑进行个性化操作后，会占用更多的系统资源，此时需要对电脑系统进行一些优化。

Windows系统在追求漂亮外观的时候，也使得系统占用的资源有所增加。在一些较老的电脑上，要想系统运行更流畅，就需要对其进行一些优化设置。

6.2.1　禁用不必要的开机启动项

在安装软件时，很多软件会自动添加到Windows自动启动列表中。Windows的系统配置程序可非常方便地禁用一些常规的开机自启动程序，其具体操作如下。

| 学习目标 | 使用系统配置工具禁用不必要的启动项 |
| 难度指数 | ★★★ |

步骤01　打开"开始"菜单，❶输入"系统配置"文本进行搜索，❷在搜索结果上右击，❸选择"以管理员身份运行"命令，如图6-37示。

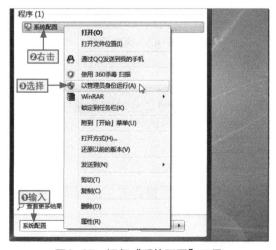

图6-37　运行"系统配置"工具

步骤02　❶单击"启动"选项卡，❷在中间的列表框中取消选中要禁止的项目对应的复选框，❸单击"确定"按钮，如图6-38所示。

图6-38　禁止程序自动启动

快速启动"系统配置"工具

若用户是管理员，可按 Windows+R 组合键，输入 msconfig 命令，按 Enter 键快速打开"系统配置"对话框，如图 6-39 所示。

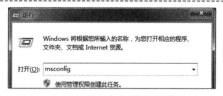

图6-39　快速启动"系统配置"工具

6.2.2 提高系统启动速度

Windows 7是多核心处理的系统，用户可以通过设置启动时使用的CPU数和内存数，来加快系统的启动速度，具体操作方法如下。

学习目标	通过更改系统配置来加快启动速度
难度指数	★★★

步骤01 ❶在"开始"菜单的文本框中输入msconfig文本进行搜索，❷在搜索结果上右击，❸选择"以管理员身份运行"命令，如图6-40所示。

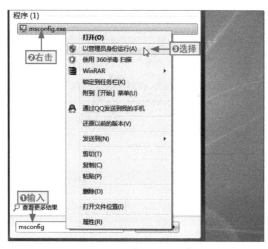

图6-40　运行"系统配置"工具

步骤02 ❶在打开的对话框中单击"引导"选项卡，❷单击"高级选项"按钮，如图6-41所示。

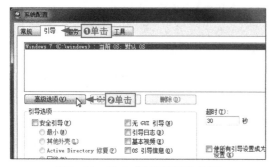

图6-41　单击"高级选项"按钮

步骤03 ❶选中"处理器数"复选框，❷在下方列表框中选择数值最大的选项，如图6-42所示。

图6-42　选择启动时使用的处理器数

步骤04 ❶选中"最大内存"复选框，确认下方数值框中的值为当前安装的最大物理内存，❷单击"确定"按钮关闭对话框，重启电脑以查看效果，如图6-43所示。

图6-43　完成设置

6.2.3 加快窗口的切换速度

Windows 7系统的窗口切换效果虽然好看，但这会占用更多的系统资源。通过一些简单设置可以提高窗口的切换速度，其具体操作方法如下。

学习目标	学会自定义系统的视觉效果
难度指数	★★★

步骤01 ❶在桌面上"计算机"图标上右击，❷选择"属性"命令，如图6-44所示。

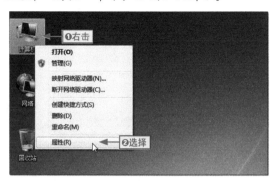

图6-44　选择"属性"命令

步骤02 在打开的窗口中单击"性能信息和工具"超链接，如图6-45所示。

图6-45　单击"性能信息和工具"超链接

步骤03 在打开的窗口中单击"调整视觉效果"超链接，如图6-46所示。

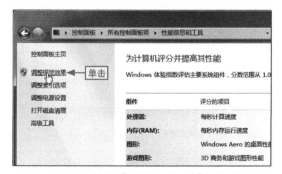

图6-46　单击"调整视觉效果"超链接

步骤04 ❶在"视觉效果"选项卡中间的列

表框中取消选中"在最大化和最小化时动态显示窗口"复选框，❷单击"确定"按钮，如图6-47所示。

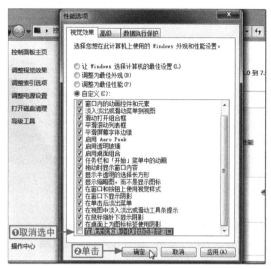

图6-47　完成设置

6.2.4　关闭系统声音

Windows系统的很多主题都带有特定的声音，但我们平时使用电脑时基本不会在乎系统声音，因此可以将其关闭，其操作方法如下。

学习目标　禁用系统声音以使电脑更"安静"
难度指数　★★★

步骤01 打开"开始"菜单，单击"控制面板"按钮，如图6-48所示。

图6-48　单击"控制面板"按钮

步骤02 在打开的窗口中单击"硬件和声音"超链接，如图6-49所示。

图6-49 单击"硬件和声音"超链接

步骤03 在打开窗口的"声音"栏中单击"更改系统声音"超链接，如图6-50所示。

图6-50 单击"更改系统声音"超链接

快速打开"声音"对话框

在系统状态栏中的"声音"图标上右击，选择"声音"命令，可以快速打开"声音"对话框的"声音"选项卡。

步骤04 ❶在打开的对话框中取消选中"播放Windows启动声音"复选框，❷在中间的列表框中选择要设置的选项，如图6-51所示。

图6-51 关闭Windows启动声音

步骤05 ❶在"声音"下拉列表中选择"(无)"选项，所有声音设置完成后，❷单击"另存为"按钮，❸在打开的对话框中输入方案名称，❹单击"确定"按钮保存方案，如图6-52所示。

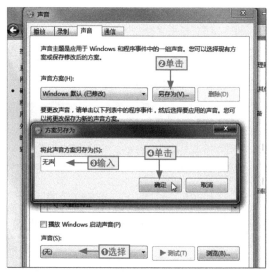

图6-52 保存声音方案

步骤06 单击"确定"按钮关闭对话框，重新启动电脑即可看到效果，如图6-53所示。

图6-53　完成声音设置

6.2.5 关闭Aero特效

Windows 7系统中的Aero特效的透明效果能够让使用者一眼"看穿"整个桌面，但会占用大量系统资源。如果用户电脑配置较低，可以关闭该特效，其具体操作方法如下。

学习目标 禁用Aero特效以提高系统性能
难度指数 ★★★

步骤01 在桌面空白处右击，选择"个性化"命令，如图6-54所示。

图6-54　选择"个性化"命令

步骤02 在打开的窗口中单击"窗口颜色"超链接，如图6-55所示。

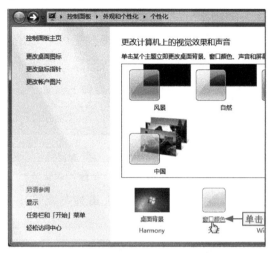

图6-55　单击"窗口颜色"超链接

步骤03 ❶在打开的窗口中取消选中"启用透明效果"复选框，❷单击"保存修改"按钮完成设置，如图6-56所示。

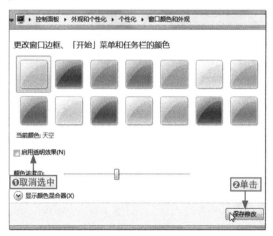

图6-56　更改设置

快速关闭透明效果

窗口的透明效果也属于 Windows 主题的一部分。在 Windows 7 的内置主题中，"基本和高对比度主题"栏中的主题都是不带透明效果的，选择这类主题可以快速关闭透明效果。

6.2.6 清除多余的系统字体

Windows 7系统带了很多字体文件，占用了很大的硬盘空间，其中多数字体平时是用不到的。普通家庭用户可以删除一些字体，以减少系统占用的资源，其操作方法如下。

学习目标 将不常用的字体从系统中清除
难度指数 ★★★

步骤01 打开"控制面板"窗口，❶单击"类别"下拉按钮，❷选择"大图标"或"小图标"选项，如图6-57所示。

图6-57 更改控制面板类别显示方式

步骤02 在窗口最下方，单击"字体"超链接(可双击该图标)，如图6-58所示。

图6-58 单击"字体"超链接

步骤03 ❶在打开的窗口中选择需要删除的字体文件并右击，❷选择"删除"命令，如图6-59所示。

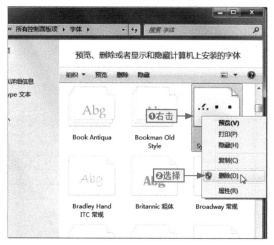

图6-59 删除字体

快速打开"字体"窗口

按 Windows+R 组合键打开"运行"对话框，输入 fonts 命令，按 Enter 键执行命令，可快速打开"字体"窗口。

步骤04 在打开的对话框中单击"是"按钮完成字体的删除，如图6-60所示。

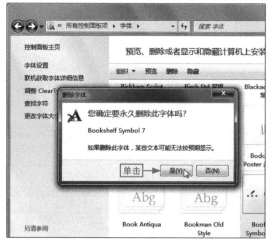

图6-60 确定删除字体文件

6.2.7 关闭操作中心的提醒

Windows的操作中心会给用户发送系统安全和系统维护相关的信息，提醒用户解决。如果用户不想看到旗帜上随时都有一个小红叉，可以关闭一些提醒，其操作方法如下。

学习目标	更改操作中心设置
难度指数	★★★

步骤01 ❶在状态栏中单击"操作中心"图标，❷在打开的对话框中单击"打开操作中心"超链接，如图6-61所示。

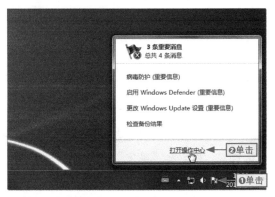

图6-61　打开操作中心

步骤02 在打开的窗口左侧单击"更改操作中心设置"超链接，如图6-62所示。

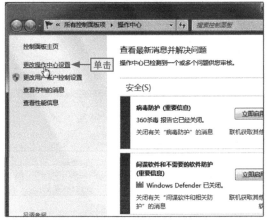

图6-62　单击"更改操作中心设置"超链接

步骤03 ❶在打开的窗口中根据自己的需要

取消选择不想显示提醒的复选框，❷单击"确定"按钮完成设置，如图6-63所示。

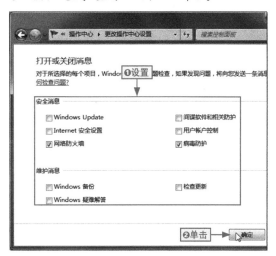

图6-63　完成设置

6.2.8 按需设置虚拟内存

虚拟内存是Windows系统划分的一块硬盘空间，用于弥补物理内存不足导致的很多程序无法运行的情况。如果用户物理内存有4GB以上，可以关闭虚拟内存以减少系统对硬盘的读写，其操作方法如下。

学习目标	关闭虚拟内存以减少硬盘的读写
难度指数	★★★

步骤01 ❶在"计算机"图标上右击，❷选择"属性"命令，如图6-64所示。

图6-64　选择"属性"命令

步骤02 在打开的窗口左侧单击"高级系统设置"超链接，如图6-65所示。

图6-65 单击"高级系统设置"超链接

步骤03 在打开对话框的"性能"栏中单击"设置"按钮，如图6-66所示。

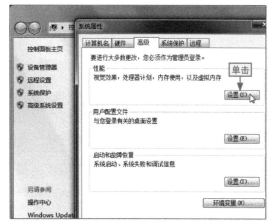

图6-66 单击"设置"按钮

步骤04 ❶在打开的对话框中单击"高级"选项卡，❷单击"更改"按钮，如图6-67所示。

图6-67 "性能选项"对话框

步骤05 ❶取消选中"自动管理所有驱动器的分页文件大小"复选框，❷保持驱动器C的选中状态，❸选中"无分页文件"单选按钮，❹单击"设置"按钮，如图6-68所示。

图6-68 设置系统分区的虚拟内存

步骤06 ❶在打开的对话框中单击"是"按钮确认设置，❷单击"确定"按钮关闭对话框，如图6-69所示，完成后重新启动电脑即可。

图6-69 完成设置

6.2.9　关闭Windows休眠功能

Windows系统的休眠功能，可以将内存中的数据暂时保存到硬盘中，以便快速恢复到上次运行的状态，这会在系统盘上生成一个与物理内存大小相同的文件。

如果系统盘空间不足，可以禁用系统休眠功能，其操作方法如下。

学习目标　关闭休眠功能以节省磁盘空间
难度指数　★★★

步骤01 ❶打开"开始"菜单，在其中输入cmd文本进行搜索，❷在搜索结果上右击，❸选择"以管理员身份运行"命令，如图6-70所示。

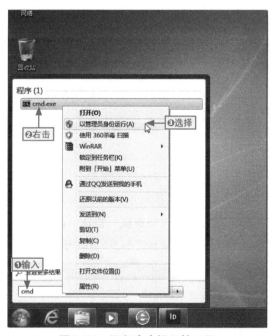

图6-70　运行命令提示符工具

步骤02 在打开的窗口中输入powercfg -h off命令，按Enter键执行命令，完成休眠功能的关闭，如图6-71所示。

图6-71　关闭系统休眠功能

6.2.10　关闭搜索索引服务

Windows 7的搜索索引服务可以为用户的文件搜索服务提供索引，让文件查找速度更快，但会一直占用一部分系统资源。如果用户平时对自己的文件管理井然有序，不需要经常搜索，关闭该服务可以节省系统资源，其操作方法如下。

学习目标　掌握关闭搜索索引服务的方法
难度指数　★★★

步骤01 打开"开始"菜单，❶输入"服务"文本进行搜索，❷在搜索结果上右击，❸选择"以管理员身份运行"命令，如图6-72所示。

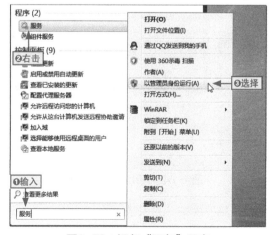

图6-72　运行"服务"程序

步骤02 ❶在打开的窗口中找到Windows Search选项并右击，❷选择"属性"命令，如图6-73所示。

图6-73 选择"属性"命令

步骤03 在打开的对话框中单击"停止"按钮停止服务，系统自动尝试停止服务，如图6-74所示。

图6-74 停止运行的服务

步骤04 ❶单击"启动类型"下拉按钮，❷选择"禁用"选项，❸完成后单击"确定"按钮关闭对话框，完成设置，如图6-75所示。

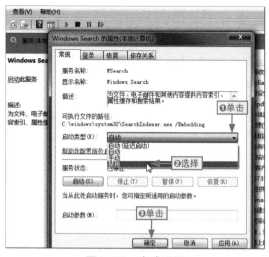

图6-75 完成设置

6.2.11 关闭Windows自动更新

Microsoft会随时发布一些Windows安全更新，以保证系统的安全。但其更新速度非常慢，并且安装更新后关闭计算机会等待很长时间。如果用户使用第三方工具安装更新，速度会快很多，此时可禁用自动更新，其操作方法如下。

学习目标 禁止Windows自动下载安装更新
难度指数 ★★★

步骤01 打开"控制面板"窗口，在其中单击Windows Update超链接，如图6-76所示。

图6-76 单击Windows Update超链接

快速打开Windows更新窗口

打开"操作中心"窗口，在左下角单击 Windows Update 超链接，或在状态的操作中心图标上右击，选择"打开 Windows Update"命令，都可快速打开 Windows Update 窗口。

步骤02 在打开窗口的左侧单击"更改设置"超链接，如图6-77所示。

图6-77　单击"更改设置"超链接

步骤03 ❶在打开窗口的"重要更新"下拉列表中选择"从不检查更新(不推荐)"选项，❷取消选中下方的两个复选框，❸单击"确定"按钮完成设置，如图6-78所示。

图6-78　更改更新设置

步骤04 ❶打开"开始"菜单，输入"运行"文本进行搜索，❷在搜索结果中选择"运行"命令，如图6-79所示。

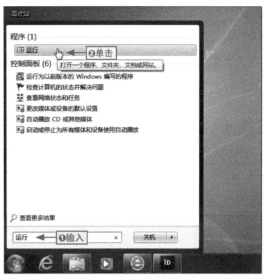

图6-79　查找"运行"工具

步骤05 ❶在打开对话框中输入services.msc命令，❷单击"确定"按钮运行命令，如图6-80所示。

图6-80　运行命令

步骤06 在打开的窗口中选择Windows Update选项并双击，如图6-81所示。

图6-81　双击Windows Update选项

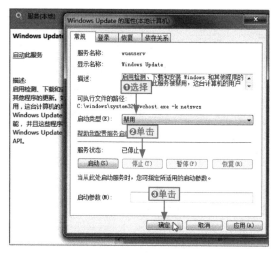

图6-82　完成设置

步骤07 ❶在"常规"选项卡的"启动类型"下拉列表中选择"禁用"选项，❷单击"停止"按钮停止服务，❸再单击"确定"按钮完成设置，如图6-82所示。

6.3　让系统更加安全

阿智：你已经在使用电脑上网购物了呀？

小白：对呀，一开通网络我就迫不及待地在淘宝上购买东西了。

阿智：对于新安装的系统，为了让其在上网时更加安全，需要对其进行一些安全设置，不然容易受到不安全程序的攻击。

电脑接入互联网，可以获得丰富的网络资源和完成更多的任务，但电脑在联网后也会带来一些安全隐患。虽然Microsoft经常会发布一些系统补丁来修复Windows的安全漏洞，但这并不意味着电脑就没有安全威胁，所以还需要对电脑进行一些安全设置。

6.3.1　创建新的用户账户

Windows系统允许同时存在多个用户账户，并可以设置不同用户账户的权限。要创建一个受限用户账户，具体操作如下。

 学习目标　掌握创建新用户账户的方法

难度指数　★★★

步骤01 ❶单击"开始"按钮，❷单击"控制面板"按钮，如图6-83所示。

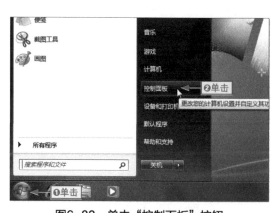

图6-83　单击"控制面板"按钮

步骤02 在"用户账户和家庭安全"组中单击"添加或删除用户账户"超链接，如图6-84所示。

图6-84 "控制面板"窗口

步骤03 在打开的窗口左下角单击"创建一个新账户"超链接，如图6-85所示。

图6-85 单击"创建一个新账户"超链接

步骤04 ❶在打开的窗口中输入新账户的名称，❷单击"创建账户"按钮，如图6-86所示。

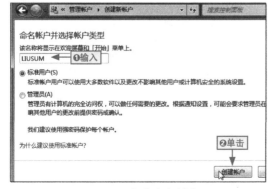

图6-86 完成账户创建

6.3.2 为用户账户设置密码

为了加强账户的安全性，最简单的方法就是为账户设置一个密码，让不知道密码的用户无法使用账户，具体操作如下。

🎯 **学习目标** 掌握为Windows用户设置登录密码的方法
难度指数 ★★★

步骤01 打开"控制面板"窗口，在"用户账户和家庭安全"栏中单击"添加或删除用户账户"超链接，如图6-87所示。

图6-87 打开"控制面板"窗口

步骤02 在打开窗口中间的列表框中选择要设置密码的账户选项，如图6-88所示。

图6-88 选择账户

步骤03 在打开的窗口中单击"创建密码"超链接，如图6-89所示。

图6-89 准备创建密码

步骤04 ❶在打开的窗口中输入两次设置的密码，❷输入密码提示文本，❸单击"创建密码"按钮完成密码设置，如图6-90所示。

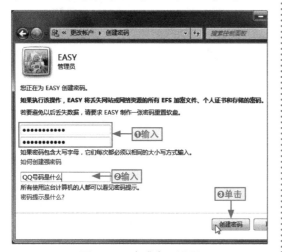

图6-90 完成密码设置

不同账户的权限

Windows 7中的账户有管理员用户、标准用户等。管理员用户具有计算机管理的大部分权限，可以为标准用户添加、修改和删除密码，但标准用户不能操作管理员用户的密码。

6.3.3 删除多余的用户账户

系统中存在的账户越多，系统安全性越低。当某些账户不再使用时，应及时将其删除，其具体操作如下。

学习目标 将不必要的用户账户删除
难度指数 ★★★

步骤01 ❶单击"开始"按钮，打开"开始"菜单，❷单击右上角的用户账户图标，打开当前用户账户管理窗口，如图6-91所示。

图6-91 单击用户账户图标

步骤02 在打开的窗口中单击"管理其他账户"超链接，如图6-92所示。

图6-92 管理其他账户

步骤03 在打开的窗口中选择要删除的用户账户，如图6-93所示。

图6-93　选择账户

步骤04 在打开的窗口中单击"删除账户"超链接，如图6-94所示。

图6-94　删除账户

步骤05 在打开的窗口中单击"删除文件"按钮删除用户个人文件，如图6-95所示。

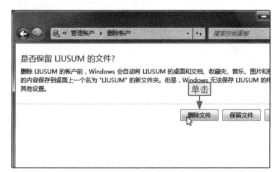

图6-95　删除用户个人文件

步骤06 在打开的窗口中单击"删除账户"

按钮完成账户删除，如图6-96所示。

图6-96　完成账户删除

6.3.4　启用内置管理员账户

　　Windows系统内置了一个管理员账户，该账户比用户创建的管理员账户权限更高。但用原版光盘安装的系统，该账户默认是未启用的，用户需要手动启用，其具体操作如下。

学习目标　手动启用内置管理员账户
难度指数　★★★

步骤01 ❶在桌面上的"计算机"图标上右击，❷选择"管理"命令，如图6-97所示。

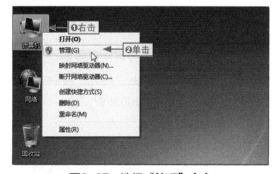

图6-97　选择"管理"命令

步骤02 在打开的对话框左侧目录树中依次展开"系统工具"→"本地用户和组"→"用户"目录，如图6-98所示。

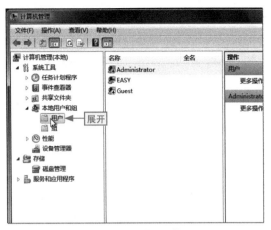

图6-98　展开"用户"目录

步骤03 ❶在右侧的Administrator选项上右击，❷选择"属性"命令(也可双击该选项)，如图6-99所示。

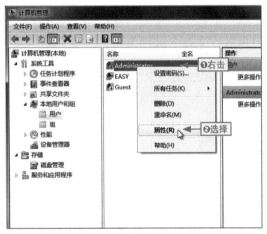

图6-99　选择"属性"命令

步骤04 ❶在打开的对话框中取消选中"账户已禁用"复选框，❷单击"确定"按钮启用内置管理员账户，如图6-100所示。

通过"计算机管理"窗口删除账户

在"计算机管理"窗口的"本地用户和组"→"用户"目录中的用户账户选项上右击，选择"删除"命令，也可以删除用户账户。

图6-100　完成设置

步骤05 ❶单击"开始"按钮打开"开始"菜单，❷单击"关机"按钮右侧的箭头，❸选择"注销"命令，如图6-101所示。

图6-101　注销当前用户账户

步骤06 在打开的界面单击Administrator按钮，以内置管理员账户登录，如图6-102所示。

图6-102　用内置管理员账户登录

6.3.5 设置账户密码策略

Windows 7旗舰版系统允许用户对本地安全策略进行设置，这可以有效加强Windows系统的安全性，其具体操作方法如下。

学习目标 通过设置密码策略加强账户安全性
难度指数 ★★★

步骤01 按Windows+R组合键打开"运行"对话框，❶输入secpol.msc命令，❷单击"确定"按钮，如图6-103所示。

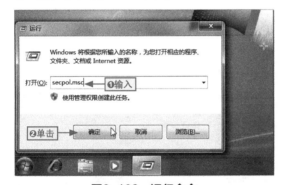

图6-103 运行命令

步骤02 在打开的窗口左侧目录树中依次展开"账户策略"→"密码策略"目录，如图6-104所示。

图6-104 展开目录

步骤03 ❶双击"密码必须符合复杂性要求"选项，❷在打开的对话框中选中"已启用"单选按钮，如图6-105所示。

图6-105 启用复杂密码

步骤04 单击"确定"按钮关闭对话框，❶再双击"密码长度最小值"选项，❷在打开的对话框中输入8，如图6-106所示。

图6-106 设置最小密码长度

步骤05 单击"确定"按钮关闭对话框，❶双击"密码最长使用期限"选项，❷在打开的对话框中输入30，完成后单击"确定"按钮关闭对话框，如图6-107所示。

图6-107　设置密码有效期

注意密码有效期的设置

设置密码有效期是为了防止长时间使用一种密码让其他人猜出来。密码的最短使用期限建议不做更改（默认为0天），如果参数不为0，则在一定时间内不能修改密码。在设置的最长密码有效期快到期之前，系统会提示用户修改密码，到期后将强制修改密码才能使用。如果最长有效期为0天，则表示密码永不过期。

6.3.6　指定用户权限

Windows系统中内置了一些用户和组，通过用户权限指派可以指定不同的操作，比如允许哪些用户或组从网络访问计算机，具体操作如下。

学习目标　通过为用户分配权限来提高系统安全性
难度指数　★★★

步骤01　通过任意方式打开"本地安全策略"窗口，在左侧的目录树中展开"本地策略"→"用户权限分配"目录，如图6-108

所示。

图6-108　展开目录

步骤02　❶双击"从网络访问此计算机"选项，❷在打开的对话框中选择要禁止从网络访问计算机的用户或组选项，❸单击"删除"按钮将其删除，如图6-109所示。

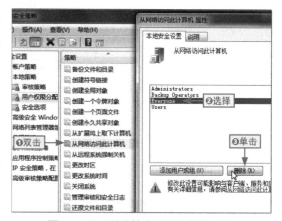

图6-109　删除禁止网络访问的用户

步骤03　删除所有禁止网络访问的用户和组后，❶单击"确定"按钮，❷在打开的对话框中单击"是"按钮完成设置，如图6-110所示。

用户和组的保留

在删除从网络访问的用户和组时，需要根据自己的实际情况进行操作。如果该电脑完全独立（不接收网络中的共享资源），则可以删除其中的所有用户和组。这里的设置会直接影响局域网的访问。

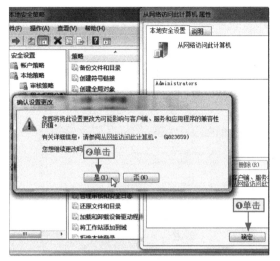

图6-110　关闭对话框

步骤04 ❶双击"身份验证后模拟客户端"选项，❷在打开的对话框中选择目标用户和组，❸单击"删除"按钮，如图6-111所示。

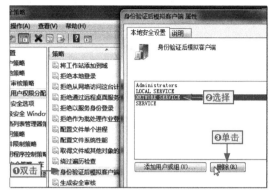

图6-111　禁止用户进行模拟客户端

给你支招　|　移动"我的文档"时失败如何处理

小白：我在移动"我的文档"位置时，总是提示失败。无法完成移动是什么原因？要如何处理才能有效完成移动？

阿智：系统文件夹"我的文档"默认会保存很多软件和配置文件，如果用户安装了一些软件，或者开机后运行了某些程序，在移动文件夹位置时，可能会遇到无法移动的情况。此时必须要关闭所有正在运行的软件再试，如果还是不行，则需要重新启动或结束Windows资源管理器进程，其操作方法如下。

步骤01 打开"Windows任务管理器"窗口，❶切换到"进程"选项卡，❷单击"显示所有用户的进程"按钮，如图6-112所示。

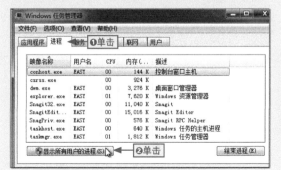

图6-112　显示所有用户进程

步骤02 ❶选择explorer.exe选项，❷单击"结束进程"按钮结束所选进程，如图6-113所示。

图6-113　结束进程

步骤03 重新执行文件夹移动操作，❶完成后在"Windows任务管理器"中单击"文件"菜单，❷选择"新建任务(运行...)"命令，如图6-114所示。

图6-114 新建任务

步骤04 ❶输入explorer.exe命令，❷单击"确定"按钮重启资源管理器，如图6-115所示。

图6-115 重启资源管理器

给你支招 | 可用内存与实际安装内存不符怎么处理

小白： 我的电脑中明明安装了4GB的内存，为什么在系统属性窗口中显示可用内存只有3.24GB，其他内存到哪里去了？

阿智： 安装内存与可用内存不等可能是由两种情况导致的。其一是用户的操作系统位数。32位操作系统理论可支持最大内存为4GB，但实际可管理的最大内存约3.25GB。其二是部分硬件占用了系统内存，如显卡共享内存和系统为硬件保留了内存等。

Chapter

Windows 10
操作系统初体验

学习目标

　　当前最新的电脑操作系统是由微软公司开发的Windows 10操作系统，它将移动系统和桌面系统完美地集合在一起，同时也增加了许多新功能。通过本章的学习，用户不仅可以对Windows 10系统的新功能快速、全面的了解，还能体验全新的Windows 10操作系统。

本章要点

- "开始"菜单的进化
- 虚拟桌面
- 增强的分屏多窗口功能
- 多任务管理
- 智能语音助手Cortana

......

- Continuum模式
- Microsoft Edge浏览器
- 启动Windows 10并取消登录密码
- 使用微软账号登录系统
- 退出Windows 10

......

知识要点	学习时间	学习难度
Windows 10新功能体验	30分钟	★★
Windows 10的启动与退出	40分钟	★★★
Windows 10的基本设置	60分钟	★★★★

7.1 Windows 10 新功能体验

阿智：安装双系统后，你体验过Windows 10操作系统吗？

小白：还没有呢，到目前为止我都不清楚Windows 10与Windows 7有哪些区别，有哪些改进。

阿智：Windows 10增加了很多新功能，比如"开始"菜单的进化、虚拟桌面、分屏多窗口等功能，都非常好用，你可以试一试。

微软的Windows 10操作系统不仅延续了微软在Windows 7当中的功能设计，同时还对Windows 7中存在的诸多缺陷进行了修复，并带来了许多让人期待的新功能，下面就来认识一下这些新功能。

7.1.1 "开始"菜单的进化

在Windows 10系统中，对"开始"菜单进行了较为明显的进化。单击屏幕左下角的"开始"按钮打开"开始"菜单后，用户不仅会在左侧看到系统关键设置和应用列表，还会在右侧看到标志性的动态磁贴。

学习目标 认识Windows 10系统的"开始"菜单
难度指数 ★★

步骤01 将鼠标指针移动到桌面的左下角，单击"开始"按钮，即可打开"开始"菜单，如图7-1所示。

图7-1 打开"开始"菜单

步骤02 在"开始"菜单中，默认显示了一些软件的快捷图标，用户通过单击快捷图标可以快速启动应用程序。对于不常用的软件，可以将其从开始屏幕中移除，❶在需要移除的快捷图标上右击，❷在弹出的快捷菜单中选择"从'开始'屏幕取消固定"命令，如图7-2所示。

图7-2 取消"开始"菜单中的快捷启动程序

步骤03 如果用户想将自己日常使用的软件添加到"开始"菜单，以使其快速启动，可在左侧的"所有应用"栏中找到常用软件并在其上按住鼠标左键，将其图标拖动到右侧位置即可，如图7-3所示。

图7-3　添加程序到"开始"菜单快捷启动栏中

7.1.2　虚拟桌面

　　在OS X操作系统与Linux操作系统中有个比较受用户欢迎的虚拟桌面功能，用户可以建立多个桌面，在各个桌面上运行不同的程序互不干扰。现在，Windows 10系统中也加入了该功能，其具体使用方法如下。

学习目标	学会使用虚拟桌面
难度指数	★★

　　步骤01 按Windows+Tab组合键，可查看当前桌面正在运行的程序，在右下角单击"新建桌面"按钮，如图7-4所示。

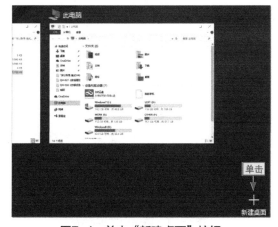

图7-4　单击"新建桌面"按钮

　　步骤02 再次按Windows+Tab组合键，即可查看新建的桌面，如图7-5所示。

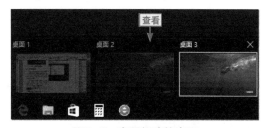

图7-5　查看新建的桌面

　　步骤03 如果想要删除多余的桌面，可以按Windows+Tab组合键进入虚拟桌面选择页面，直接单击目标桌面右上角"关闭"按钮即可，如图7-6所示。

图7-6　关闭多余的桌面

不能单独为虚拟桌面设置壁纸

　　在新建虚拟桌面时需要注意，多个虚拟桌面的壁纸必须保持一致，不能单独为某个虚拟桌面设置壁纸。

7.1.3　增强的分屏多窗口功能

　　Windows分屏功能虽然不是Windows 10的新功能，但在Windows 10正式版本中，这个分屏功能有所增强。

　　以前可以将窗口拖到左右两侧，由Windows智能分屏，而在Windows 10系统中，还可以将窗口往电脑的四角拖动，实现将屏幕分成4个部分。

用户的显示器尺寸越大，分屏多窗口对于用户来说越实用。

学习目标 进行分屏多窗口操作
难度指数 ★★

步骤01 首先需要打开多个应用程序，如图7-7所示。因为不同程序有着不同的窗口，分屏多窗口功能就是将这些程序均匀地显示在桌面上，以便用户操作。

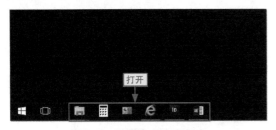

图7-7 打开多个应用程序

步骤02 在其中一个应用程序的窗口上方空白处按住鼠标左键，然后水平向右方拖动，如图7-8所示。

图7-8 拖动窗口

步骤03 在拖动过程中，当出现预见窗口后释放鼠标，如图7-9所示。

图7-9 预见窗口

步骤04 此时即可查看到Windows 10系统智能地将所有打开的窗口进行了分屏，如图7-10所示。

图7-10 查看分屏效果

小绝招

将窗口两屏显示

当桌面上的窗口出现分屏效果后，选择其中某个窗口，即可实现窗口两屏显示，两个窗口将屏幕均匀地分为两块，如图7-11所示。

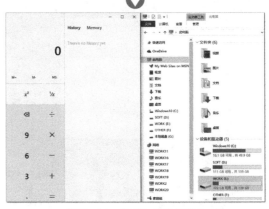

图7-11 将窗口两屏显示

7.1.4 多任务管理

Windows 10强大的多任务管理能力是这款新系统的亮点之一。它能让用户有条不紊地应对多重任务的复杂局面，对不同任务进行合理归类，优化窗口布局，轻松找到目标应用。

学习目标 熟悉Windows 10多任务管理功能
难度指数 ★★

全新操作中心

全新操作中心(通知中心)为用户提供各类系统和应用信息，用户可以更方便地全面掌控系统情况。

在旧版Windows中的操作中心，在Windows 10中则成了通知中心，除了集中显示应用的通知外，还有WiFi、蓝牙、屏幕亮度、设置、投影、定位、VPN和免打扰时间等快捷操作按钮。

在桌面右下角单击"操作中心"按钮，即可打开Windows 10操作系统操作中心，如图7-12所示。

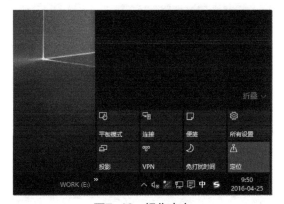

图7-12 操作中心

任务视图

多重桌面和任务视图功能将不同类型应用合理归类，可以让用户方便有序地操作。用户可以单击任务栏中的"任务视图"按钮，进入任务视图页面，如图7-13所示。

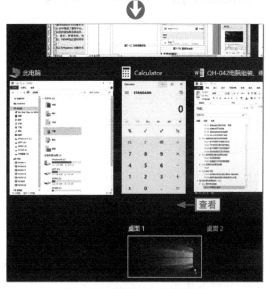

图7-13 查看任务视图页面

窗口布局

Snap窗口布局功能全面升级，可以让窗口在屏幕四个角落停靠，更加充分利用空间。如图7-14所示为Snap四窗口布局。

159

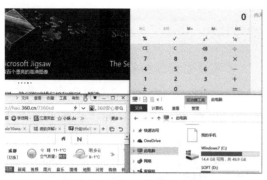

图7-14　Snap四窗口布局

7.1.5　智能语音助手Cortana

　　Windows 10系统的又一大亮点就是加入了Cortana语音助手，很多人觉得这项功能犹如鸡肋，仅能供娱乐之用。其实它还是有不少用处，能为用户简化不少复杂的操作。

1. 查找文件

　　用户只需提供关于文件的描述，Cortana就能帮助查找。如想要查找腾讯的QQ软件，但不知道放在哪个文件夹里，Cortana可以迅速在窗口中显示出查找结果，其具体操作如下。

> **学习目标**　掌握使用Cortana功能查找文件的方法
> **难度指数**　★★

步骤01　在任务栏中单击Cortana按钮，进入Cortana助手页面，如图7-15所示。

图7-15　启用Cortana功能

步骤02　在搜索框中输入QQ，此时列表中将会显示与QQ有关的搜索结果，如图7-16

所示。

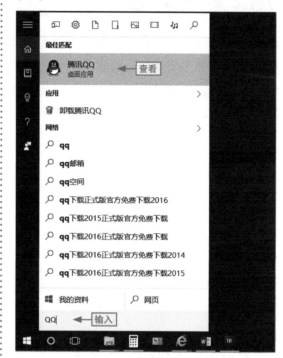

图7-16　搜索内容

在任务栏中找不到Cortana

　　如果在任务栏上找不到Cortana图标，若要将其显示出来，❶在任务栏空白位置右击，❷在打开的菜单中选择"Cortana"→"显示Cortana图标"命令即可，如图7-17所示。

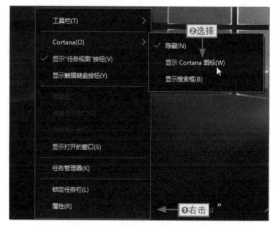

图7-17　显示Cortana图标

2. 个性化建议

　　Cortana会根据用户的个人习惯给出个性化建议，根据用户的地址、爱好等因素，提供周边的团购美食、最新的资讯、天气等信息，如图7-18所示。

图7-18　个性化建议

学习目标	了解Cortana个性化建议功能
难度指数	★★

3. 设置提醒

　　Cortana能够帮助用户设置提醒，避免忘记某些重要的事情，其具体操作步骤如下。

学习目标	掌握Cortana设置提醒的方法
难度指数	★★★

步骤01 在任务栏中单击Cortana按钮，进入Cortana助手页面，如图7-19所示。

图7-19　单击Cortana按钮

步骤02 ❶在Cortana助手左侧单击"提醒"按钮，❷在打开的设置提醒页面下方单击"+"按钮，如图7-20所示。

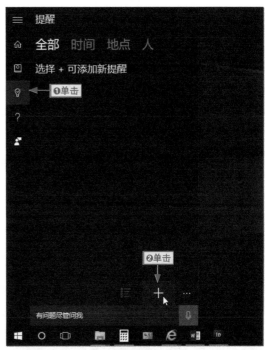

图7-20　开始设置提醒

步骤03 ❶用户根据情况填写提醒内容，如填写"4月26日提交工作计划，蒋潜"，❷单击"提醒"按钮即可，如图7-21所示。

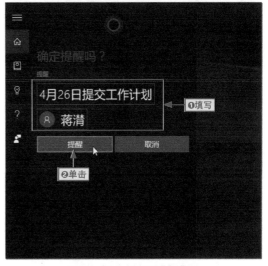

图7-21　成功设置提醒

7.1.6 Continuum模式

Continuum模式是Windows 10的主要新功能之一，它可以让平板电脑、二合一设备以及变形本等设备用户更加方便地在平板模式和传统PC桌面模式下无缝自然切换。Windows 10会自动感知设备运行模式的改变，并自动调整到最适合的模式，用户只需确认是否要改变模式即可。

对于Windows 10平板模式来说，和传统桌面模式比较，明显的区别在于开始屏幕、平板任务栏、应用窗口最大化显示等方面，这些都更适合平板电脑用户操作。

用户可以在操作中心中单击"平板模式"按钮，即可将电脑桌面转换为平板模式，如图7-22所示。

图7-22　转换为平板模式

7.1.7 Microsoft Edge浏览器

微软在Windows 10中增加了一个全新浏览器Edge，这款整合了微软自家Cortana语音助理的新浏览器有桌面和移动两个版本，并深度融合了Bing搜索服务，让用户的搜索体验更加无缝。

Edge除了性能的增强外，还支持地址栏搜索、手写笔记和阅读模式等功能，其具体使用方法如下。

| 学习目标 | 学会使用手写笔记和阅读模式 |
| 难度指数 | ★★★ |

步骤01 ❶单击"开始"按钮，❷在打开的菜单中单击Microsoft Edge快捷图标，如图7-23所示。

图7-23　启动Edge浏览器

步骤02 进入到需要浏览的网页中，在页面右上角单击"做Web笔记"按钮，即可进入Web笔记模式，如图7-24所示。

图7-24　进入Web笔记模式

步骤03 在Web笔记模式下，用户可以在左上角分别选择笔、荧光笔、橡皮擦、添加键入的笔记、剪辑等工具，如图7-25所示为设置笔工具。

图7-25 设置笔工具

步骤04 此时进入到目标网页中，即可使用笔工具在网页中绘制相应的标记，如图7-26所示。

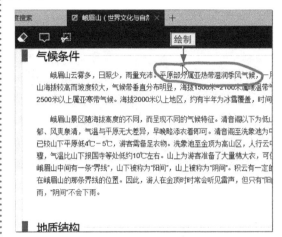

图7-26 创建Web笔记

7.2 Windows 10 的启动与退出

阿智：在对Windows 10的新功能有一定了解后，是不是很想对其进行具体的体验？

小白：是有这个想法，不过我感觉它的界面与Windows 7有很多的差别，而且我也忘记了Windows 10安装时的系统账户。

阿智：这不是什么问题，在Windows 10系统中可以重新新建一个账户。现在就来介绍一些简单的操作，让你可以快点体验到Windows 10。

　　Windows 10与前面版本的操作系统相比较，最明显的优点就是开关机速度提升很多，这解决了许多用户以前长时间等待开关机的苦恼。下面就来介绍一下如何快速地启动和退出Windows 10。

7.2.1 启动Windows 10并取消登录密码

　　启动Windows 10系统与其他系统的操作基本相同，没有太特殊的操作。若用户在安装Windows 10系统时，设置了账户和登录密码，则每次开机都需要输入密码。

　　如果用户想继续使用自己的账户登录系统，但不想反复输入登录密码，则可以取消密码的输入，其具体操作如下。

学习目标 取消Windows 10系统启动时的登录密码
难度指数 ★★

步骤01 按主机上的电源键，打开电脑，等待系统启动，然后即可进入Windows 10的登录页面，输入用户密码，按Enter键进入桌面，如图7-27所示。

图7-27　登录系统

步骤02 ❶在任务栏空白处右击，❷在弹出的快捷菜单中选择"任务管理器"命令，如图7-28所示。

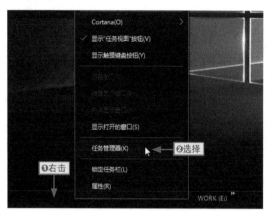

图7-28　选择"任务管理器"任务

步骤03 打开"任务管理器"窗口，❶单击"文件"菜单项，❷选择"运行新任务"命令，如图7-29所示。

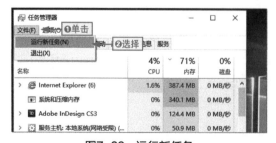

图7-29　运行新任务

步骤04 打开"新建任务"对话框，❶在"打开"文本框中输入netplwiz，❷单击"确定"按钮，如图7-30所示。

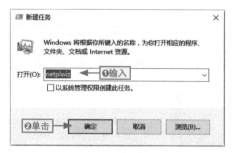

图7-30　新建任务

步骤05 打开"用户账户"对话框，❶在"用户"选项卡中选择需要取消登录密码的账户选项，❷取消选中"要使用本计算机，用户必须输入用户名和密码"复选框，如图7-31所示。

图7-31　选择账户

步骤06 单击"确定"按钮并依次关闭各窗口，即可完成操作，如图7-32所示。

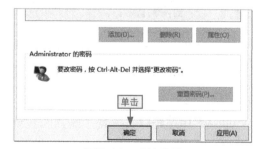

图7-32　确认设置

7.2.2　申请微软账号登录系统

目前，微软公司推出了Windows 10系统登录账号与Microsoft账号高度结合服务，用户可以直接使用自己的Microsoft账号登录Windows 10系统，从而体验到更加个性化的服务。而且用户可以在Windows 10系统中申请Microsoft账号，其具体操作如下。

学习目标　在Windows 10系统中申请Microsoft账号
难度指数　★★★

步骤01　❶单击"开始"按钮，❷单击"控制面板"按钮，如图7-33所示。

图7-33　单击"控制面板"按钮

步骤02　在打开的"控制面板"窗口中单击"更改账户类型"超链接，如图7-34所示。

图7-34　更改账户类型

步骤03　在打开的"管理账户"窗口中单击"在电脑设置中添加新用户"超链接，如图7-35所示。

图7-35　"管理账户"窗口

步骤04　打开"账户"窗口，在"其他用户"栏中单击"将其他人添加到这台电脑"按钮，如图7-36所示。

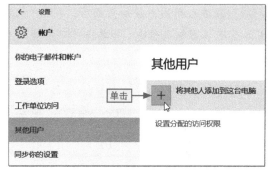

图7-36　添加其他用户

步骤05　在打开的页面中输入电子邮箱地址，单击"下一步"按钮，如图7-37所示。

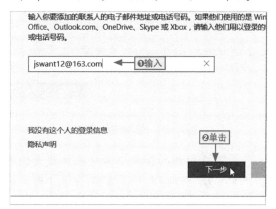

图7-37　输入电子邮箱地址

电脑组装、维护与故障排除（第2版）

步骤06 当该用户名不是微软账号时，系统会提示用户进行注册，单击"注册新账户"超链接，如图7-38所示。

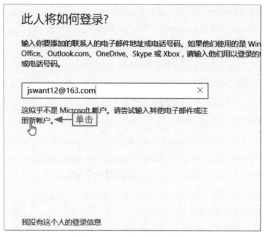

图7-38 注册新账户

步骤07 进入新用户注册页面后，❶用户根据实际情况填写相关信息，❷单击"下一步"按钮，如图7-39所示。

图7-39 填写注册信息

步骤08 在打开的页面中保持默认设置，单击"下一步"按钮即可完成Microsoft账户的注册，如图7-40所示。

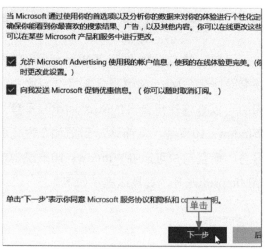

图7-40 账户注册成功

步骤09 返回到"账户"窗口中，即可看到刚刚注册成功的微软账号已经成为该电脑的新用户，如图7-41所示。

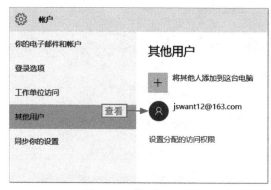

图7-41 成功添加用户

7.2.3 退出Windows 10

用户在关闭电脑退出Windows 10系统前，应该关闭所有正在运行中的程序，待程序关闭后再进行关机操作，其具体操作如下。

学习目标 掌握退出Windows 10系统的方法
难度指数 ★★★

166

步骤01 ❶单击"开始"按钮，❷在"开始"菜单中单击"电源"按钮，如图7-42所示。

图7-42　单击"电源"按钮

图7-43　关闭电脑并退出系统

步骤02 在打开的列表中选择"关机"选项即可关闭电脑，如图7-43所示。

小绝招

一键还原系统

若用户觉得 Windows 10 系统的操作很难，想要将其还原到之前的操作系统，则可以借助第三方升级工具，进行一键还原。

7.3　Windows 10 的基本设置

小白： Windows 10安装完成后，我不是很喜欢它的默认界面，而且我想下载一些自己常用的软件，你可以教教我吗？

阿智： 当然可以，Windows 10的默认设置都是可以进行修改的，下面就来介绍一些基础设置的方法。等你玩转了这些基础设置的方法后，其他的操作也就变得非常简单。

Windows 10系统在安装完成后都是按照默认设置运行的，用户在使用过程中经常会对其进行一些必要的设置来满足自己的使用需求。

7.3.1　认识Windows 10桌面

Windows 10桌面与Windows 7桌面基本相同，也是由工作区、任务栏等组成。只不过Windows 10在任务栏左侧加入了Cortana助手，如图7-44所示。

图7-44　Windows 10桌面组成

学习目标 初步认识Windows 10的工作区和任务栏
难度指数 ★★

工作区

桌面上的大片空白区域称为工作区，上面可以放置各种图标、文件、应用程序和文件夹等。

任务栏

Windows 10任务栏包含"开始"菜单、Cortana助手、任务视图按钮、Edge浏览器、资源管理器、系统托盘区等。

7.3.2 Windows资源管理器

Windows 10的资源管理器相比以前较早版本有了较大的变化，其中集成了关于文件资源的相关所有操作，其主界面组成部分也十分丰富，如图7-45所示。

学习目标 认识 Windows 10的资源管理器
难度指数 ★★

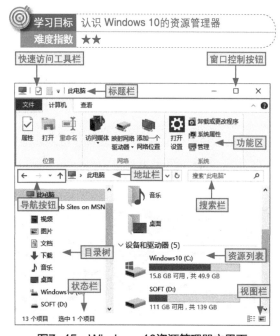

图7-45　Windows 10资源管理器主界面

快速访问工具栏

包含了资源管理器中一些常用的命令按钮，默认只有"属性"和"新建文件夹"两个按钮，❶单击其右侧的下拉按钮，❷选择相应的选项，可以向其中添加新的命令按钮，如图7-46所示。

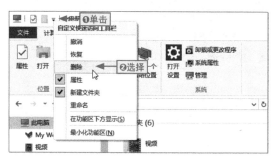

图7-46　向快速访问工具栏中添加命令按钮

标题栏

显示当前正在浏览的文件夹的标题，如图7-47所示。

图7-47　资源管理器的标题栏

窗口控制按钮

Windows 10的资源管理器同样提供了3个窗口控制按钮，用于控制窗口的大小或关闭窗口，如图7-48所示。

图7-48 窗口控制按钮

功能区

Windows 10资源管理器采用与Office 2013类似的功能区选项卡的结构，将一些常用的命令按钮分组列举出来，如图7-49所示。

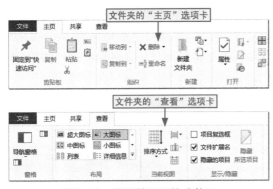

图7-49 资源管理器的功能区

控制功能区的显示

默认情况下，资源管理器的功能区是隐藏的，仅显示各选项卡的名称。可单击相应的选项卡以使对应的功能区暂时显示，也可以双击选项卡或单击右侧的"展开功能区"按钮（或按 Ctrl+F1 组合键）让功能区永久显示。

导航按钮

这是Windows 10的资源管理器结合IE浏览器设置的几个按钮，可以通过它们实现在之前浏览过的文件夹之间切换，如图7-50所示。

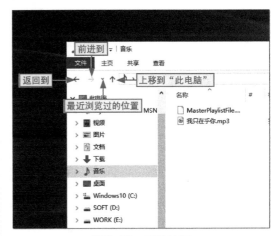

图7-50 导航按钮

地址栏

显示当前文件夹在Windows资源管理器中的地址，单击其中的下拉按钮，可切换到该目录下的其他文件夹，如图7-51所示。

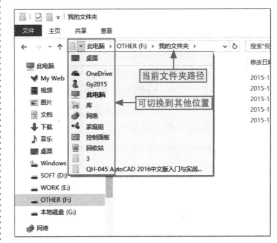

图7-51 地址栏

搜索栏

可在当前目录及其子目录中搜索文件和文件夹，直接输入关键字即可，如图7-52所示。

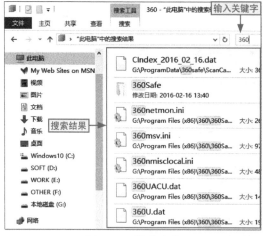

图7-52 搜索内容

目录树

以树状结构显示当前Windows资源管理器的目录，单击对应目录左侧的三角形按钮，可展开该目录下的子目录，单击目录名，可在右侧列表框中打开对应的文件夹，如图7-53所示。

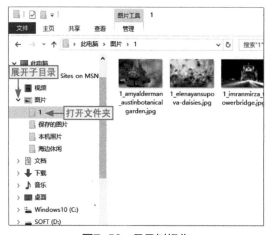

图7-53 目录树操作

状态栏

显示当前目录的文件夹数，或当前所选文件的基本信息，如图7-54所示。

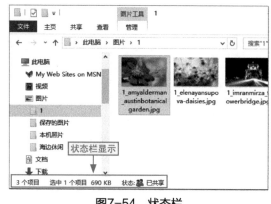

图7-54 状态栏

资源列表

资源列表是Windows资源管理器的最大区域，以用户指定或系统默认的视图模式显示当前目录下的子目录以及各种文件，如图7-55所示。

图7-55 资源列表

视图栏

可用于快速切换当前目录中文件的显示视图，如图7-56所示。

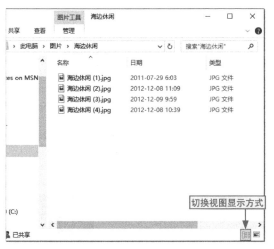

图7-56 视图栏

7.3.3 更改桌面背景

WIndows 10系统启动以后会显示默认的桌面背景，用户可以手动对桌面背景进行修改，其具体操作如下。

学习目标 掌握桌面背景的个性化设置
难度指数 ★★

步骤01 在桌面空白处右击，选择"个性化"命令，如图7-57所示。

图7-57 选择"个性化"命令

步骤02 打开"个性化"窗口，在"背景"选项卡的"选择图片"栏下单击"浏览"按

钮，如图7-58所示。

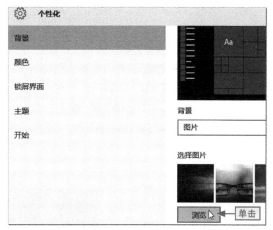

图7-58 浏览图片

步骤03 ❶在打开的"打开"对话框中选择目标图片，❷单击"选择图片"按钮，如图7-59所示。

图7-59 选择目标图片

步骤04 返回到"个性化"窗口中，选择添加的图片，即可将其设置为桌面背景，如图7-60所示。

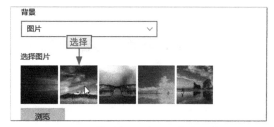

图7-60 将目标图片设置为桌面背景

设置纯色桌面背景

如果用户认为设置图片作为桌面过于花哨，则可以设置纯色的桌面背景。其操作是：❶在"背景"选项卡的"背景"下拉列表中选择"纯色"选项，❷在"背景色"栏中选择目标颜色即可，如图7-61所示。

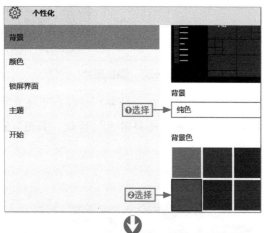

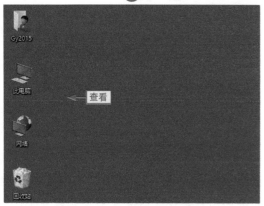

图7-61　设置纯色桌面背景

7.3.4　更改"开始"菜单颜色

在Windows 10系统中除了可以对桌面的背景进行修改外，还可以对"开始"菜单的颜色进行修改，其具体操作如下。

步骤01　打开"个性化"窗口，❶单击"颜色"选项卡，❷单击"从我的背景自动选取一种主题色"栏下的"关"按钮，❸在"选择你的主题色"栏下选择一种目标颜色，如图7-62所示。

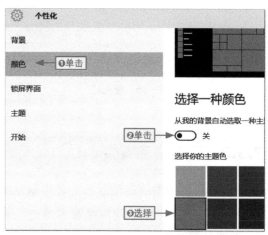

图7-62　关闭自动选取一种主题色功能

步骤02　在"显示'开始'菜单、任务栏、操作中心和标题栏的颜色"栏下单击"开"按钮，如图7-63所示。

图7-63　开启"开始"菜单的颜色设置

步骤03　返回到桌面中，单击"开始"按钮，即可看到"开始"菜单的颜色发生了变化，如图7-64所示。

图7-64 查看设置效果

使操作中心具有透明效果

在设置颜色时，如果想要使"开始"菜单、任务栏和操作中心具有透明效果，可以直接在"背景"选项卡中单击"使'开始'菜单、任务栏和操作中心透明"栏下的"开"按钮，如图7-65所示。

图7-65 使操作中心具有透明效果

7.3.5 更改锁屏界面的背景

当Window 10系统锁屏后，会自动进入锁屏界面，用户也可以更改此界面的显示图片，其具体操作如下。

学习目标 掌握更改锁屏界面的操作方法
难度指数 ★★

步骤01 打开"个性化"窗口，❶单击"锁屏界面"选项卡，❷单击"选择图片"栏下的"浏览"按钮，如图7-66所示。

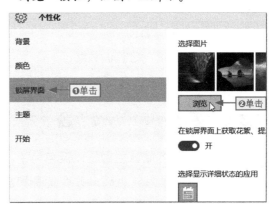

图7-66 浏览图片

步骤02 ❶在打开的"打开"对话框中选择目标图片，❷单击"选择图片"按钮，如图7-67所示。

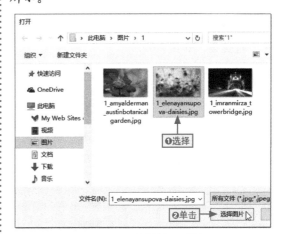

图7-67 选择锁屏图片

步骤03 返回到"个性化"窗口中，即可在"预览"栏中预览到界面锁屏效果，如图7-68所示。

图7-68 预览锁屏效果

7.3.6 更改Windows主题

Windows 10的默认主题是以蓝色为主，用户可以通过更改系统主题来改变背景和窗口的颜色，其具体操作如下。

学习目标 使用Windows内置的主题样式
难度指数 ★★

步骤01 打开"个性化"窗口，❶单击"主题"选项卡，❷单击"主题"栏下的"主题设置"超链接，如图7-69所示。

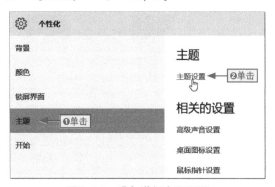

图7-69 准备进行主题设置

步骤02 在打开窗口右侧的列表框中选择要使用的主题选项即可，如图7-70所示。

图7-70 选择要使用的主题

7.3.7 将常用图标放到桌面上

与Windows 7系统相似，Windows 10系统安装完成后在桌面上仅有一个"回收站"图标，用户可将一些常用的图标放到桌面上，其具体操作如下。

学习目标 学会向桌面上添加图标
难度指数 ★★★

步骤01 打开"个性化"窗口，❶单击"主题"选项卡，❷单击"相关的设置"栏下的"桌面图标设置"超链接，如图7-71所示。

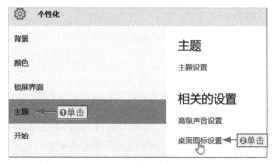

图7-71 单击"桌面图标设置"超链接

步骤02 ❶在打开的对话框中选中要在桌面上显示的图标复选框，❷单击"确定"按钮关闭对话框，如图7-72所示。

图7-72　选择要显示的系统图标

步骤03 在桌面上双击"此电脑"图标，打开文件资源管理器，双击应用程序安装的分区，如图7-73所示。

图7-73　打开文件资源管理器

快速打开文件资源管理器

在任务栏上单击"文件资源管理器"按钮，或在任意位置按 Windows+E 组合键，都可以打开文件资源管理器。

步骤04 ❶找到需要放到桌面上的应用程序，在其上右击，❷选择"发送到"→"桌面快捷方式"命令，如图7-74所示。

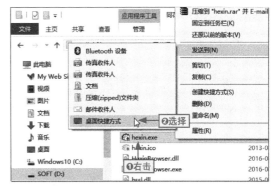

图7-74　将程序快捷方式发送到桌面

创建快捷方式的其他方法

选择要创建快捷方式的应用程序，按住 Alt 键拖动到目标位置，也可以在目标位置创建对象的快捷方式。

7.3.8　创建图片密码

Windows 10系统中，除了可以使用字符密码来登录系统外，在锁屏后还可以使用图片密码来增加系统安全，其具体操作如下。

学习目标　学会添加图片密码
难度指数　★★★

步骤01 ❶单击"开始"按钮，❷单击"设置"按钮，如图7-75所示。

图7-75　单击"设置"按钮

步骤02 在打开的"设置"窗口中单击"账户"按钮，如图7-76所示。

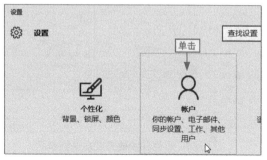

图7-76 单击"账户"按钮

步骤03 ❶在打开的"账户"窗口中单击"登录选项"选项卡，❷在"图片密码"栏下单击"添加"按钮，如图7-77所示。

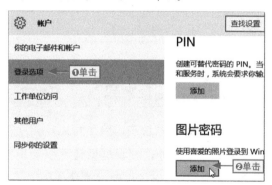

图7-77 准备添加图片密码

步骤04 ❶在打开的"创建图片密码"界面中输入当前用户账户的密码，❷单击"确定"按钮，如图7-78所示。

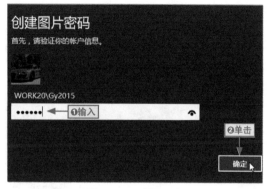

图7-78 验证用户

步骤05 在左侧窗格中单击"选择图片"按钮，如图7-79所示。

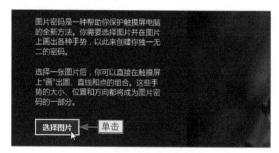

图7-79 选择图片

步骤06 ❶在打开的对话框中找到并选择要使用的图片，❷单击"打开"按钮，如图7-80所示。

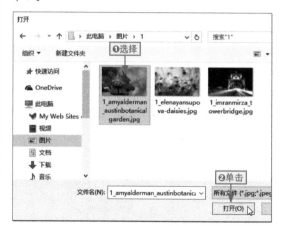

图7-80 选择本地图片

步骤07 ❶在右侧窗格中拖动图片以使要使用的部分位于页面正中，❷单击"使用此图片"按钮，如图7-81所示。

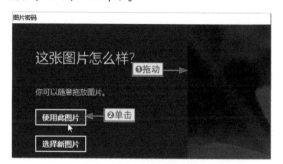

图7-81 调整图片位置

步骤08 在图片中创建三个手势(可以任意用圆、直线和点)并确认手势，然后单击"完成"按钮即可，如图7-82所示。

图7-82　完成图片密码创建

7.3.9　让安全性与维护不再烦人

Windows 10系统的安全性与维护工具会实时发出一些关于系统安全、更新和维护等的提示信息，可以通过更改安全性与维护设置来选择性显示需要的提示，其具体操作如下。

学习目标　学会设置安全性与维护提示内容
难度指数　★★★

步骤01 ❶在桌面上的"此电脑"图标上右击，❷选择"属性"命令，如图7-83所示。

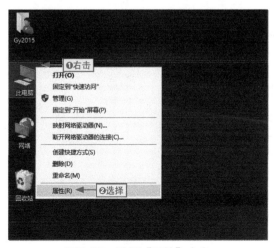

图7-83　选择"属性"命令

步骤02 在打开的"系统"窗口左下角单击"安全性与维护"超链接，如图7-84所示。

图7-84　单击"安全性与维护"超链接

步骤03 在打开窗口的左侧单击"更改安全性与维护设置"超链接，如图7-85所示。

图7-85　单击"更改安全性与维护设置"超链接

步骤04 ❶在打开的窗口中取消选中不需要显示其通知选项的复选框，❷单击"确定"按钮关闭窗口，如图7-86所示。

图7-86　完成操作中心设置

给你支招 ｜ 为什么搜索不到其他分区中的文件和文件夹

小白：我使用Cortana助手的搜索功能搜索所有位置，但为什么还是搜索不到我保存在D盘中的文件和文件夹？

阿智：这是因为Windows 10系统对Cortana语音助手环境下搜索的位置有所限定，主要是为了保证用户的文件安全。在使用Cortana语音助手的搜索功能时，仅搜索当前用户文件夹下的内容，默认搜索路径为"C:\Users\×××"（"×××"为当前用户名），不在此目录中的文件不会被搜索到。

给你支招 ｜ 如何禁用 Windows 自动更新功能

小白：自从使用Windows 10系统，常常在关机后都要等待系统更新安装，非常麻烦，而且还不能像Windows 7那样关掉更新。有没有什么方法可以解决呢？

阿智：Windows 10系统默认开启自动更新功能，且不再面向普通用户提供关闭选项，通过常规设置不能再关闭Windows 10的自动更新。此时可以打开"服务"窗口，将其中的Windows Update服务禁用即可，如图7-87所示。

图7-87 禁用Windows自动更新功能

Chapter

08

家庭组与局域网的资源共享

随着电脑的普及，电脑网络也得到了高速的发展，而电脑如果脱离了网络也会变得没有那么吸引人。目前，基本上所有的家用电脑都会连接互联网，甚至有些家庭还会为多台电脑组建小型网络，以更有效地共享文件和资源。

本章要点

- 家庭网络组建常见设备
- 连接家庭网络中的设备
- 检测网络的连通性
- 创建拨号连接
- 设置路由器共享上网

- 更改路由器用户名和密码
- 修改网络的位置
- 创建家庭组
- 查看和更改家庭组密码
- 加入家庭组

......

知识要点	学习时间	学习难度
家庭网络组建的基础知识	40分钟	★★★
家庭组的基本设置与资源共享	60分钟	★★★★
资源共享的常规方法	50分钟	★★★★

8.1 家庭网络组建基础操作

小白： 我家里有几台电脑，现在安装了网络，如何将这些电脑都连接到网络当中去呢？

阿智： 你可以使用路由器创建一个家庭网络，然后将这些电脑都连接到家庭网络中。不过在创建网络之前，还需要熟悉家庭网络中的常见设备，然后再进行设备连接等操作。

家庭网络是最简单的电脑网络。很多家庭用户的网络都是由网络运营商的工作人员帮忙安装的，但后期的简单维护却需要自己动手，这就需要了解一些家庭网络的基础知识。

8.1.1 家庭网络组建常见设备

要组建家庭网络，除了必备的电脑之外，还必须要有网络连接线，根据不同的情况还可能用到调制解调器(Modem)、路由器或交换机等网络连接设备。

> **学习目标** 认识家庭网络连接常用的设备
> **难度指数** ★★

网络连接线

网络连接线也就是常说的网线，ADSL网络中入户的通常是电话线，接口为RJ11，如图8-1所示。而连接到电脑上的通常为双绞线，接口为RJ45，如图8-2所示。

图8-1　电话线

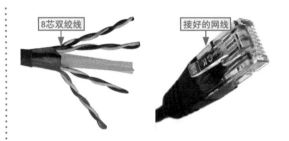

图8-2　网线

调整解调器

也称Modem或猫，是ADSL拨号上网和独立光纤上网必需的设备，用于转换电脑和ISP服务之间传送的数据。一般家庭所用的Modem有普通ADSL Modem和光纤Modem，如图8-3所示。

普通猫和光纤猫的区别

ADSL 拨号上网使用的是普通猫，而光纤拨号上网使用的光纤猫。两者从外形看的主要区别在于提供的接口不同，除电源接口外，ADSL 猫通常提供一个 RJ11 接口和一个 RJ45 接口，而光纤猫则会提供一个光纤接口和至少一个 RJ45 接口。

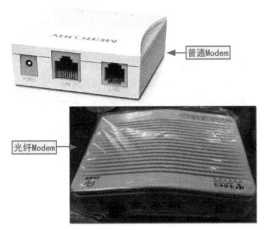

图8-3 普通Modem和光纤Modem

路由器或交换机

路由器和交换机都可以将网络中的多台电脑连接在一起，两者的主要区别是路由器在连接不同的设备时，可以选择数据传送的合适路径，而交换机仅仅用于连接不同的设备，如图8-4所示。

图8-4 路由器和交换机

共享上网一体机

路由器可以兼具交换机的功能，而现在很多厂商还在Modem内部集成了路由器功能，这样就使得组建家庭网络所需的设备更少，连接的电缆也更少，如图8-5所示。

图8-5 共享上网一体机

8.1.2 连接家庭网络中的设备

在准备好网络连接所需的设备后，要将这些设备连接起来才能最终形成网络。以普通家庭ADSL拨号，通过路由器共享上网的环境为例，其连接过程如下。

学习目标 学习连接家庭网络中的各设备
难度指数 ★★★

步骤01 取一条连通性完好的网线，❶将一端连接到电脑的网卡接口上，❷将另一端连接到路由器的LAN接口上，如图8-6所示。

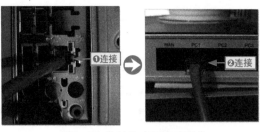

图8-6 连接路由器和电脑

步骤02 用同样的方法连接其他设备和路由器。取另一条连通性完好的网线，❶将一端连接到路由器的WAN接口上，❷将网线另一端连接到Modem的LAN口上，如图8-7所示。

图8-7 连接路由器和Modem

步骤03 ❶将户外引入的电话线连接到Modem的ADSL接口中，❷连接Modem的电源线，如图8-8所示。

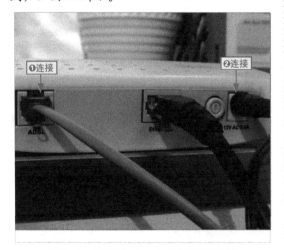

图8-8 连接Modem电话线和电源线

步骤04 连接完成后，再连接路由器的电源线，接通电源即可，如图8-9所示。

图8-9 连接路由器电源

8.1.3 测试网络的连通性

当所有设备都连接完成并接通电源后，可以通过命令来测试电脑到路由器的连接是否正常。假设路由器的IP地址为192.168.0.1(路由器地址可参看路由器的说明书或在路由器机身标签上找到)，其测试方法如下。

学习目标 用命令测试电脑与目标主机之间的连通性
难度指数 ★★★

步骤01 按Windows+R组合键，打开"运行"对话框，❶输入cmd命令，❷单击"确定"按钮打开命令提示符窗口，如图8-10所示。

图8-10 输入命令

步骤02 ❶输入命令ping 192.168.0.1，按Enter键执行命令，❷若显示数据包丢失为0%，则表示连接正常，如图8-11所示。

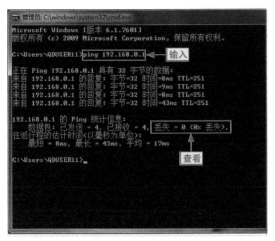

图8-11　测试连通性

ping命令的用法

　　ping 命令的主要功能是检测当前设备与目标主机之间的连通性，目标主机可以使用 IP 地址，也可以直接使用主机名（需要 DNS 解析），其返回值中的"时间"字段代表设备与主机之间的网络延时，该数值越小，表示设备与主机之间的通信越快，时间过大或无确切的时间值，就表示网络不通畅。

　　该命令默认发送 4 个数据包进行设置，如果加上"/t"参数，则表示一直发送数据包，直到用户按 Ctrl+C 组合键停止。

8.2　家庭组的基本设置

小白：我按照你教我的方法，将设备都与电脑连接好了，但是无法进入网页，是怎么回事呢？

阿智：不能上网很正常啊，因为你还没对你连接的设备进行相应设置。下面就来教你如何设置家庭网络中的设备。

　　在用网线将各设备连接起来后，并不是立即就能上网了，还需要对网络进行一些必要的设置，如创建宽带连接、设置路由器等。

8.2.1　创建拨号连接

　　如果仅一台电脑上网，并且未使用路由器，则需要在Windows系统中创建一个拨号连接，并通过该连接拨号上网，其具体创建方法如下。

学习目标　学会在Windows 7系统中创建拨号连接
难度指数　★★★

步骤01 ❶在系统状态栏中单击网络连接图标，❷单击"打开网络和共享中心"超链接，打

开"网络和共享中心"窗口，如图8-12所示。

图8-12　单击"网络和共享中心"超链接

步骤02 在"更改网络设置"栏中单击"设置新的连接或网络"超链接，如图8-13所示。

图8-13　准备设置新的连接

步骤03　❶在打开对话框中间的列表框中选择"连接到Internet"选项，❷单击"下一步"按钮，如图8-14所示。

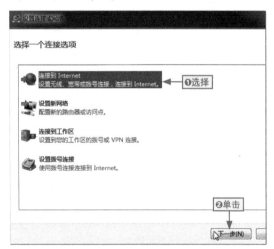

图8-14　选择连接类型

步骤04　在打开的对话框中选择"宽带(PPPoE)"选项，如图8-15所示。

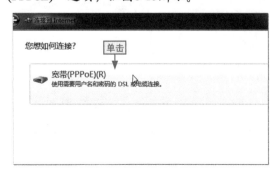

图8-15　选择连接方式

步骤05　❶在打开的对话框中输入宽带账号和密码(也可以不输入)以及连接的名称，❷单击"连接"按钮，如图8-16所示。

图8-16　设置连接名称

步骤06　如果未输入宽带账号信息，将出现错误，选择"仍然设置连接"选项，如图8-17所示。

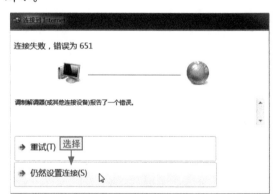

图8-17　忽略错误继续

步骤07　返回"网络和共享中心"窗口，单击"更改适配器设置"超链接，如图8-18所示。

图8-18　网络和共享中心

步骤08 在打开的窗口中即可看到创建的连接，为方便使用，❶其上右击，❷选择"创建快捷方式"命令，如图8-19所示。

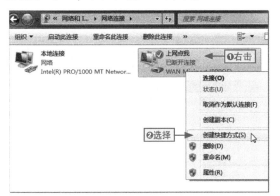

图8-19　在桌面上创建连接的快捷方式

步骤09 单击"是"按钮完成快捷方式的创建，❶在桌面上重命名快捷方式后双击该快捷方式，❷在打开的对话框中输入宽带账号和密码，❸选中"为下面用户保存用户名和密码"复选框，❹单击"连接"按钮即可连接网络，如图8-20所示。

图8-20　连接到网络

为用户保存用户名和密码

在连接网络之前，选中"为下面用户保存用户名和密码"复选框，可以为所选用户保存宽带账号信息，以免下次连接时再次要求重新输入用户名和密码。

8.2.2　设置路由器共享上网

如果有多台电脑需要共享同一个宽带账号上网，最简单的方案就是使用路由器共享网络。在这种情况下，拨号的任务就由路由器来承担，需要对路由器进行简单的设置。以TP-Link宽带无线路由器为例，其设置方法如下。

学习目标　设置路由器以实现共享宽带上网
难度指数　★★★★

步骤01 ❶打开IE浏览器，在地址栏输入路由器IP地址，按Enter键，❷在打开的对话框中输入用户名和密码，❸单击"确定"按钮，如图8-21所示。

图8-21　输入用户名和密码

路由器初次登录账号与密码

路由器在初次进行登录时，直接使用路由器背面标签上标出的账号与密码进行登录，默认的账号和密码一般都是 admin。

步骤02 路由器自动启用设置向导，单击"下一步"按钮，❶在打开的页面中选择上网方式，❷单击"下一步"按钮，如图8-22所示。

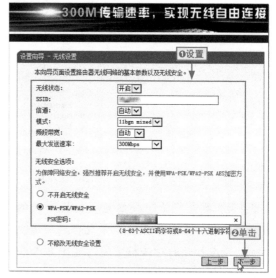

图8-22 选择上网方式

上网方式的选择方法

一般路由器都会提供多种上网方式，ADSL拨号上网一般都是PPPoE方式，小区宽带和光纤上网可能使用动态IP方式，企业光纤可能使用静态IP方式，用户可根据自己的网络环境进行选择。如果物理线路连接正确无误，则可以让路由器自动选择。

步骤03 ❶在打开的页面中分别输入上网账号和口令，❷单击"下一步"按钮，如图8-23所示。

图8-23 填写宽带账号信息

步骤04 ❶在打开的页面中输入无线网络的SSID名称和密码，同时还可设置模式和最大发送速率等，也可以保持默认设置，❷单击"下一步"按钮，如图8-24所示。

图8-24 设置无线网络信息

设置无线网络的SSID

无线网络的SSID就是该无线网络的名称，默认的名称很难识别，更改该名称可以让用户设备在连接到无线时更方便找到自己的网络。

步骤05 在打开的页面中单击"重启"按钮，重启路由器即可，如图8-25所示。

图8-25 完成路由器基本设置

查看网络连接状态

　　在进行了基本设置并重启路由器后，在"运行状态"页面的"WAN 口状态"栏中可以看到网络连接状态，若显示的全是 0.0.0.0，则表示连接未成功，所有设备都不能上网；若有具体的 IP 地址，则表示连接成功，可以正常上网，如图 8-26 所示。

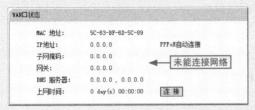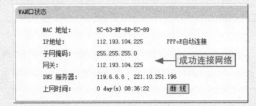

图8-26　查看网络连接状态

8.2.3　更改路由器用户名和密码

　　大多数路由器默认的用户名和密码都是相同的，只要知道了路由器的IP地址，就可以登录路由器更改设置。为了保障网络安全，可以更改路由器默认的用户名和密码，其操作方法如下。

学习目标｜掌握修改路由器用户名与密码的方法
难度指数　★★★★

步骤01 登录路由器管理页面，❶在左侧选择"系统工具"选项，❷在其下接列表中选择"修改登录口令"选项，如图8-27所示。

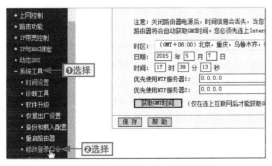

图8-27　进入口令更改页面

步骤02 ❶在打开的页面中输入原用户名、原口令、新用户名和新口令等信息，❷单击"保存"按钮，如图8-28所示。

图8-28　更改路由器管理员用户名和密码

选择合适的加密方式

　　虽然经常修改路由器登录账户和密码，可以在一定程度上保证网络的安全，但这比较麻烦。如果是无线路由器，则可以为其选择一种合适的加密方式，这样可以有效避免被他人蹭网。无线路由器的加密方式常用的有 3 种，分别是 WPA-PSK/WPA2-PSK、WPA/WPA2 及 WEP。

8.3 使用家庭组共享资源

小白：我出去游玩拍了一些照片回来，但不想——发送给家人，能不能通过共享设置，让她们可以直接查看？

阿智：当然可以，此时就需要创建一个家庭组，只要将需要共享的照片、文件等资源放到家庭组中，在家庭组中的成员都可以进行查看。

Windows 7的家庭组可以使小型局域网的资源共享变得非常简单，同一个网络中只要存在一个家庭组，其他用户随时可以凭密码加入这个家庭组共享资源。

8.3.1 修改网络的位置

Windows 7系统在安装完成后首次连接网络时，会要求用户选择位置。由于只有在家庭网络或工作网络中的电脑才能使用家庭组，如果电脑处于公共网络中，便不能使用家庭组，此时可通过以下方法更改网络位置。

学习目标 更改网络位置以为家庭组共享做准备
难度指数 ★★

步骤01 在状态栏中右击网络连接图标，选择"打开网络和共享中心"命令，如图8-29所示。

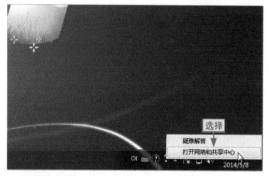

图8-29 选择"网络和共享中心"命令

步骤02 在"查看活动网络"栏中单击"公用网络"超链接，如图8-30所示。

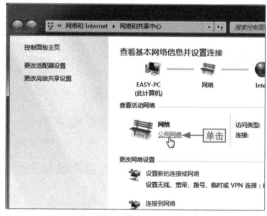

图8-30 单击"公用网络"超链接

步骤03 在打开的对话框中选择"家庭网络"选项，完成网络位置更改，如图8-31所示。

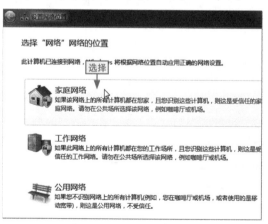

图8-31 更改网络位置

8.3.2　创建家庭组

在Windows首次加入家庭网络时，会自动创建家庭组。但如果用户取消了创建操作，则可以在需要的时候，手动创建家庭组，其具体操作方法如下。

> **学习目标**　掌握手动创建家庭组的方法
> **难度指数**　★★

步骤01　在"开始"菜单中单击"控制面板"按钮，在打开的窗口中单击"选择家庭组和共享选项"超链接，如图8-32所示。

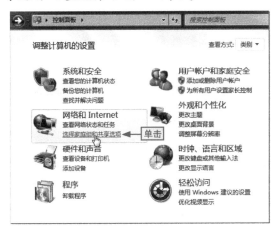

图8-32　单击"选择家庭组和共享选项"超链接

步骤02　在打开的窗口中单击"创建家庭组"按钮，如图8-33所示。

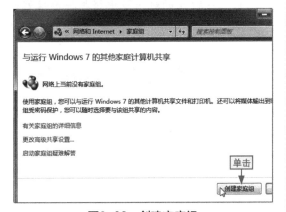

图8-33　创建家庭组

步骤03　❶在打开的对话框中选择要在家庭组中共享的选项对应的复选框，❷单击"下一步"按钮，如图8-34所示。

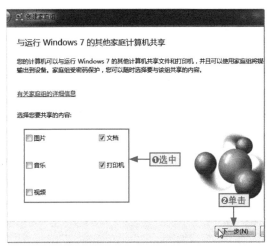

图8-34　选择共享选项

步骤04　在打开的对话框中会显示当前家庭组的默认密码，单击"完成"按钮完成家庭组的创建，如图8-35所示。

图8-35　完成家庭组创建

创建家庭组的条件

必须是 Windows 7 及以后的系统才能使用家庭组，而在 Windows 7 简易版和家庭普通版中只可以加入家庭组，无法创建家庭组。

要创建家庭组，计算机必须位于家庭网络中，并且当前局域网中不存在其他家庭组，否则只能加入家庭组而无法创建家庭组。

8.3.3 查看和更改家庭组密码

其他用户想要加入家庭组，可以通过已在家庭组中的任意计算机查看该家庭组的密码，如果觉得默认的密码很难记忆，也可以对密码进行更改，其具体操作方法如下。

学习目标 查看和更改家庭组密码以方便其他用户加入

难度指数 ★★★

步骤01 通过任意方法打开"网络和共享中心"窗口，单击左下角的"家庭组"超链接，如图8-36所示。

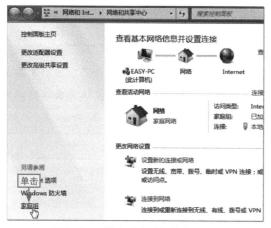

图8-36 单击"家庭组"超链接

步骤02 在打开的窗口下方单击"查看或打印家庭组密码"超链接，如图8-37所示。

图8-37 查看或打印家庭组密码

步骤03 在打开的窗口中可以查看家庭组当前的密码。如果要修改该密码，可以单击窗口上方的"返回到 家庭组"按钮，如图8-38所示。

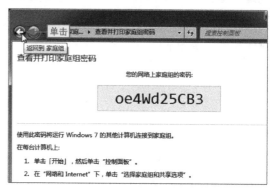

图8-38 返回家庭组

步骤04 在打开的窗口下方单击"更改密码"超链接，如图8-39所示。

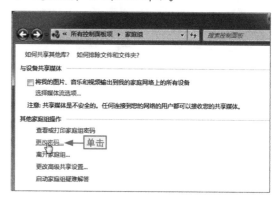

图8-39 单击"更改密码"超链接

步骤05 在打开的对话框中根据提示做好准备工作，选择"更改密码"选项，如图8-40所示。

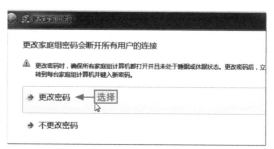

图8-40 准备更改密码

步骤06 ❶在打开的对话框中输入新的密码，❷单击"下一步"按钮，如图8-41所示。

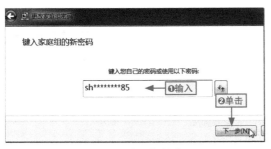

图8-41　输入新的密码

8.3.4　加入家庭组

如果局域网中已存在一个家庭组，则其他未加入家庭组的用户只能凭密码加入该家庭组，在获取了家庭组密码后，加入家庭组，具体操作方法如下。

学习目标　凭家庭组密码加入已有家庭组
难度指数　★★★

步骤01 通过任意方法打开"网络和共享中心"窗口，在"家庭组"栏右侧单击"可加入"超链接，如图8-42所示。

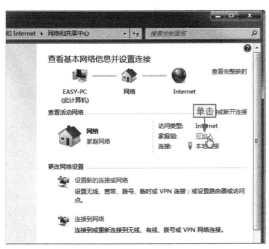

图8-42　单击"可加入"超链接

步骤02 在打开的窗口中单击"立即加入"按钮，如图8-43所示。

图8-43　加入家庭组

步骤03 ❶在打开的对话框中选中要在家庭组中共享的选项对应的复选框，❷单击"下一步"按钮，如图8-44所示。

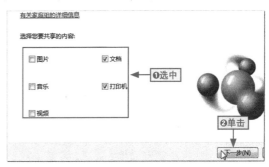

图8-44　选择要共享的内容

步骤04 ❶在打开的对话框中输入家庭组的密码，❷单击"下一步"按钮，如图8-45所示，在打开的对话框中单击"完成"按钮关闭对话框，完成家庭组的加入。

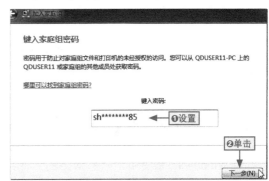

图8-45　完成家庭组加入

8.3.5 在家庭组中共享特定的文件夹

家庭组默认只可共享Windows系统自带的4个库文件夹。如果要向家庭组中所有用户共享其他任意文件夹，可按如下操作进行。

学习目标	学会在家庭组中共享任意文件夹
难度指数	★★★

步骤01 打开Windows资源管理器，选择需要共享的文件夹，如图8-46所示。

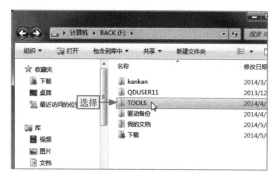

图8-46 选择要共享的文件夹

步骤02 ❶在工具栏中单击"共享"下拉按钮，❷选择"家庭组(读取)"选项，向家庭组用户共享文件夹，如图8-47所示。

图8-47 共享文件夹

文件夹的共享权限

在家庭组中共享文件夹时，可以简单设置远程用户的权限。若选择"家庭组（读取）"选项，则其他用户只能读取该文件夹中的内容；若选择"家庭组（读取／写入）"选项，则其他用户可以读取和修改文件夹中的内容。

8.4 资源共享的常规方法

小白：我的电脑是Windows 7操作系统，另外一台电脑是Windows 10操作系统，它们之间为何不能共享资源？有没有其他共享资源的方法？

阿智：当然有。除了可以使用家庭组共享资源外，还可以通过常规的方式进行共享，如直接设置文件共享、使用来宾账户共享等。

在家庭局域网中，如果不是所有电脑都用的Windows 7系统，则不能通过家庭组共享资源，此时就需要使用传统的资源共享方法来实现。

8.4.1 更改高级共享选项

在Windows 7系统中，家庭网络的文件共享进行了很好的简化，只需要经过简单的几个操作，更改一下高级共享设置，就可以轻松实现文件的网络共享，其具体操作如下。

学习目标　更改高级共享设置为文件共享做准备
难度指数　★★

步骤01 通过任意方法打开"网络和共享中心"窗口，单击"更改高级共享设置"超链接，如图8-48所示。

图8-48　单击"更改高级共享设置"超链接

步骤02 确认"家庭或工作"栏中的"启用网络发现"和"启用文件和打印机共享"单选按钮为选中状态，如图8-49所示。

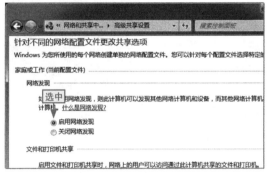

图8-49　确认选项状态

步骤03 ❶向下翻页后选中"关闭密码保护共享"单选按钮，其他选项保持默认，❷单击"保存修改"按钮完成设置，如图8-50所示。

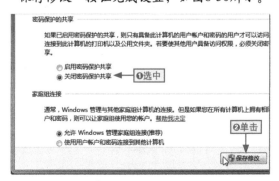

图8-50　完成高级共享设置

8.4.2　开启Guest账户

Guest账户是Windows系统内置的来宾账户，其所拥有的权限最低，但在不同系统的局域网中开启此账户，才能非常方便地实现资源共享，其开启方法如下。

学习目标　通过控制面板开启Guest账户
难度指数　★★★

步骤01 通过"开始"菜单打开"控制面板"窗口，单击"用户账户和家庭安全"超链接，如图8-51所示。

图8-51　单击"用户账户和家庭安全"超链接

步骤02 在打开的窗口中单击"用户账户"超链接，如图8-52所示。

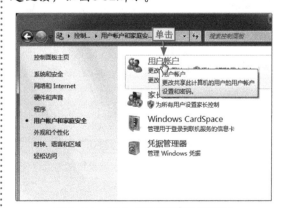

图8-52　单击"用户账户"超链接

步骤03 在打开的窗口中单击"管理其他账户"超链接，如图8-53所示。

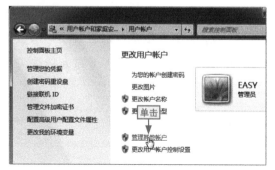

图8-53 单击"管理其他账户"超链接

步骤04 在打开窗口的列表框中选择Guest选项，如图8-54所示。

图8-54 选择要管理的账户

步骤05 在打开的窗口中单击"启用"按钮，启用内置的来宾账户，如图8-55所示。

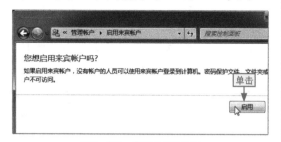

图8-55 启用来宾账户

不要长期开启来宾账户

来宾账户的权限虽然很低，但是它却为远程连接本地系统提供了方便。为了系统的安全，在不使用简单共享的情况下，建议不要开启来宾账户。

8.4.3 确认用户所在的工作组

Windows系统的每个用户都会加入一个工作组，不同工作组可以相互独立，如一个公司中的不同部门一样，只有在同一个工作组中的计算机才能实现简单文件共享。因此，在共享文件之前必须确认用户所在的工作组，其具体操作方法如下。

学习目标 学会查看和修改用户所在的工作组
难度指数 ★★★

步骤01 ❶在"计算机"图标上右击，❷选择"属性"命令，如图8-56所示。

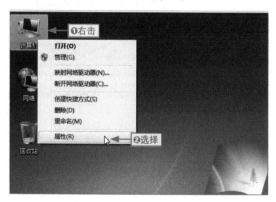

图8-56 查看系统的属性

步骤02 在打开的窗口中单击"高级系统设置"超链接，如图8-57所示。

图8-57 单击"高级系统设置"超链接

步骤03 ❶在打开的对话框中单击"计算机名"选项卡,查看当前计算机的名称和所在工作组,❷如果要更改工作组,可单击"更改"按钮,如图8-58所示。

图8-58　查看计算机名和工作组

步骤04 ❶在打开对话框的"工作组"文本框中输入新的工作组名称,❷依次单击"确定"按钮关闭所有对话框,重新启动后即可生效,如图8-59所示。

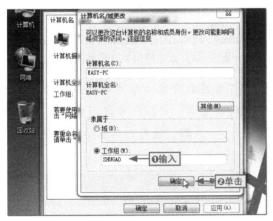

图8-59　更改工作组

小绝招

工作组和用户名设置注意事项

Windows系统的工作组和计算机名都支持中文,如果工作组名称使用英文字母,不会影响局域网中其他用户对计算机的判断。计算机名或描述可采用中文名,以方便局域网其他用户辨别,但在同一个局域网中不允许出现相同的计算机名。

8.4.4　在局域网中共享文件夹

组建局域网的最终目的是实现文件和资源的共享。局域网组建成功后,文件夹的共享就变得非常简单了,其具体方法如下。

学习目标　向局域网中的所有用户共享文件夹
难度指数　★★★

步骤01 打开Windows资源管理器,❶在需要共享的文件夹上右击,❷选择"共享"→"特定用户"命令,如图8-60所示。

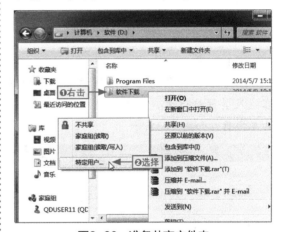

图8-60　准备共享文件夹

步骤02 在打开的对话框中选择要与其共享用户,❶或者单击下拉按钮展开下拉列表,❷选择要共享的用户选项,如图8-61所示。

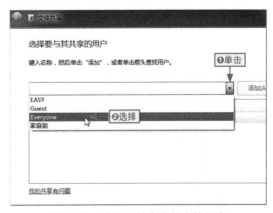

图8-61　选择可共享文件夹的用户

步骤03 ❶单击"添加"按钮，将用户添加到下方的列表框中，❷单击"共享"按钮共享文件夹，如图8-62所示。

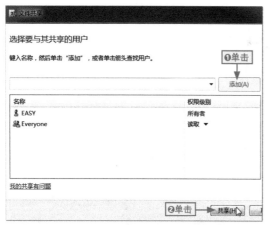

图8-62　对所选用户共享文件夹

步骤04 在打开的对话框中显示了共享的内容以及其网络位置，单击"完成"按钮完成共享操作，如图8-63所示。

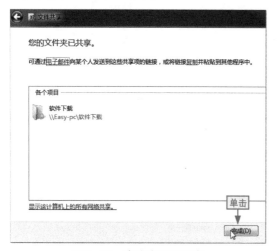

图8-63　完成文件夹共享

8.4.5　访问共享资源

在局域网中共享资源后，其他用户可以对其进行访问。为方便日后资源的访问，可以添加共享文件的快捷方式，其具体操作如下。

学习目标　在局域网中创建访问共享资源快捷方式
难度指数　★★★

步骤01 ❶在桌面上双击"网络"图标，在打开的窗口中搜索局域网中的计算机，❷双击提供共享资源的计算机，如图8-64所示。

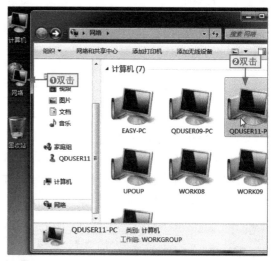

图8-64　双击提供共享资源的计算机

步骤02 在打开窗口中可以看到该计算机共享的所有资源，❶在经常访问的共享文件夹上右击，❷选择"映射网络驱动器"命令，如图8-65所示。

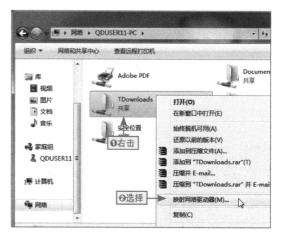

图8-65　映射网络驱动器

步骤03 ❶在打开对话框的"驱动器"下拉列表中选择网络驱动器使用的盘符，❷单击"完成"按钮，如图8-66所示。

图8-66　确定网络驱动器的盘符

断开网络驱动器

如果提供共享资源的用户对共享的文件夹赋予了读写权限，则映射过来的网络驱动器可以像本地磁盘一样使用。如果要断开局域网中映射过来的网络驱动，可在其上右击，选择"断开"命令。

步骤04 在桌面上双击"计算机"图标，打开资源管理器，在"网络位置"栏中即可看到共享的文件夹，如图8-67所示。

图8-67　查看共享的文件夹

创建网络路径的快捷方式

网络中需要共享资源的用户可在桌面空白处右击，选择"新建"→"快捷方式"命令，在打开的对话框中单击"浏览"按钮，选择局域网中的共享资源，创建指向该共享资源的快捷方式，以便快速访问此资源。

给你支招 | 为什么每次开机后第一次上网要等很长时间

小白：我在路由器中设置好网络连接参数后，每次打开电脑或长时间不上网，再次上网的时候要等很长时间才可以访问网络，应该怎么解决？

阿智：默认情况下，路由器会在有网络连接请求时自动拨号连接，而长时间无网络访问则会断开网络连接以节省网络资源，当在网络断开的情况下访问网络，路由器会重新拨号，自然会等待一段时间。用户可以通过以下设置让路由器保持不断电的状态，一直保持连接。

步骤01 登录路由器管理页面，在左侧选择"网络参数"→"WAN口设置"选项，如图8-68所示。

电脑组装、维护与故障排除（第2版）

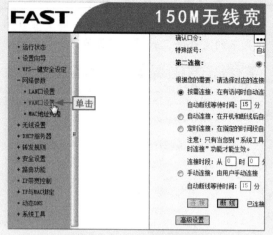

图8-68 进入设置位置

断线后自动连接"单选按钮，❷单击"保存"
按钮，如图8-69所示。

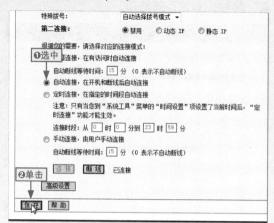

图8-69 更改并保存设置

步骤02 ❶在右侧选中"自动连接，在开机和

给你支招 ｜ 为什么无法创建家庭组也无法加入家庭组

小白：我在Windows 7旗舰版系统中打开"家庭组"窗口，上面显示"此计算机无法连接到家庭组"
信息，这是什么原因呢？

阿智：这种情况通常都是由于计算机所在的网络位置不在家庭网络中，或存在多个活动网络所致。可
在窗口中单击"启动家庭组疑难解答"超链接，让Windows自动检测并修复其中的问题，完成后即可
创建或加入家庭组。

Chapter

09

坚持做好系统
日常维护

学习目标

　　一般情况下，刚刚安装好的Windows操作系统，其运行速度相对较快。但使用一段时间后，就会因为软件的安装与使用，系统中的文件越来越多，后台运行的程序也越来越多，从而导致电脑的运行速度越来越慢。为了让系统保持较好的状态，需要定期对Windows系统进行必要的日常维护。

本章要点

- 删除不需要的应用程序
- 经常清理磁盘
- 定期整理磁盘碎片
- 检查并安装系统更新
- 获取和安装360安全卫士

- 全面体检系统
- 清理插件
- 常用功能介绍
- 获取软媒魔方免安装版
- 清理电脑中的垃圾文件

....

知识要点	学习时间	学习难度
使用系统自带工具维护系统	40分钟	★★
使用360安全卫士维护系统	50分钟	★★★
使用软媒魔方维护系统	50分钟	★★★

 使用系统自带工具维护系统

阿智： 让你把这次的旅游攻略传给我，怎么还没有传过来呢？

小白： 这主要是我的电脑反应太慢了。刚安装系统时速度很快，现在不知道怎么回事，打开一个文件夹很长一段时间都没有反应。

阿智： 系统在使用过程中要经常进行维护，如删除不用的应用程序，清理垃圾等。下面给你介绍一些系统自带的电脑维护工具。

Windows系统自带了很多日常维护工具，可以帮助用户检测维护系统，保持系统处于一个较好的状态。虽然这些工具功能不太强大，但使用起来却很方便。

9.1.1 删除不需要的应用程序

用户在电脑使用过程中通常都会安装一些应用程序，而有些应用程序可能过一段时间就不再需要了，可以将这些应用程序从系统中清除，其操作方法如下。

学习目标 用正确的方法删除多余的应用程序
难度指数 ★★

步骤01 ❶单击"开始"按钮，❷单击"控制面板"按钮，如图9-1所示。

图9-1 单击"控制面板"按钮

步骤02 在打开的"控制面板"窗口中单击"卸载程序"超链接，如图9-2所示。

图9-2 单击"卸载程序"超链接

步骤03 ❶在打开窗口的中间列表框中选择要删除的应用程序，❷在工具栏中单击"卸载/更改"按钮，如图9-3所示。

程序卸载的方式

在"程序和功能"窗口中对应用程序执行"卸载／更改"操作，会打开程序自带的卸载工具，具体卸载过程可能随程序不同而不同。

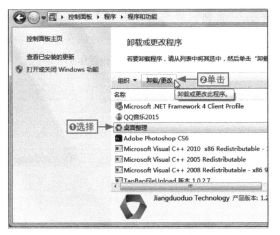

图9-3　卸载应用程序

9.1.2 经常清理磁盘

电脑在使用过程中会产生一些垃圾文件，定期对磁盘进行清理，可以减少垃圾文件，提高有用文件的读取效率，其操作方法如下。

学习目标　使用系统自带工具清理磁盘垃圾
难度指数　★★

步骤01 打开Windows资源管理器，❶在需要清理垃圾的分区上右击，❷选择"属性"命令，如图9-4所示。

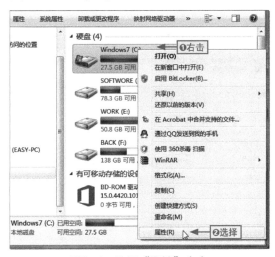

图9-4　选择"属性"命令

步骤02 在打开对话框的"常规"选项卡中单击"磁盘清理"按钮，如图9-5所示。

图9-5　单击"磁盘清理"按钮

步骤03 ❶在打开的对话框中选中要清理的项目左侧的复选框，❷单击"确定"按钮，❸在打开的对话框中单击"删除文件"按钮，如图9-6所示。

图9-6　清理垃圾文件

9.1.3 定期整理磁盘碎片

文件的新建、删除以及移动复制等操作，都会产生一些磁盘碎片，影响数据的读写速度。定期整理磁盘碎片，可有效提高系统运行速度，其操作方法如下。

学习目标　用系统自带工具进行磁盘碎片整理
难度指数　★★

步骤01 ❶单击"开始"按钮，❷在"所有程序"子菜单中选择"附件"→"系统工具"→"磁盘碎片整理程序"命令，如图9-7所示。

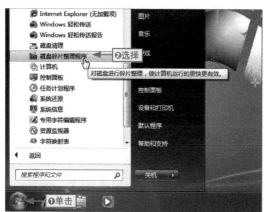

图9-7　启动磁盘碎片整理程序

步骤02 ❶在打开的窗口中选择要整理的磁盘分区，❷单击"分析磁盘"按钮，对磁盘进行分析，如图9-8所示。

图9-8　分析磁盘碎片

步骤03 用同样的方法依次对其他磁盘分区进行分析，❶完成后选择有碎片的磁盘分区，❷单击"磁盘碎片整理"按钮，如图9-9所示。

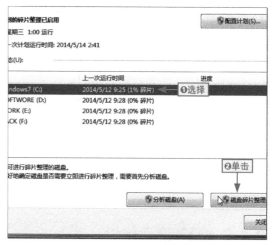

图9-9　进行磁盘碎片整理

配置磁盘碎片整理计划

　　若是SSD固态硬盘，建议不要进行磁盘碎片整理，这样对硬盘的寿命影响很大。

　　若是传统机械硬盘，❶可在"磁盘碎片整理程序"窗口中单击"配置计划"按钮，❷在打开的对话框中设置磁盘碎片整理的时间以及对哪些磁盘进行碎片整理，完成后依次单击"确定"按钮即可，如图9-10所示。

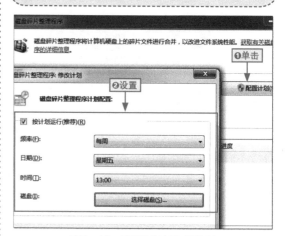

图9-10　配置碎片整理计划

9.1.4 检查并安装系统更新

Microsoft经常会发布一些系统安全漏洞更新。定期检查并安装系统更新，可以有效保障电脑的安全，其操作方法如下。

学习目标 检查并选择性安装必要的系统更新
难度指数 ★★★

步骤01 打开"控制面板"窗口，单击"系统和安全"超链接，如图9-11所示。

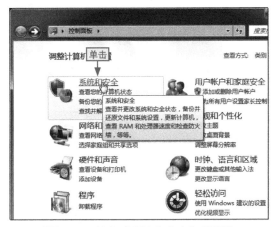

图9-11 单击"系统和安全"超链接

步骤02 在打开的窗口中单击Windows Update超链接，如图9-12所示。

图9-12 单击Windows Update超链接

步骤03 如果当前未启用自动更新功能，可单击左侧的"更改设置"超链接或右侧的"让我选择设置"超链接，如图9-13所示。

图9-13 准备更新自动更新设置

步骤04 ❶在打开窗口的"重要更新"下拉列表中选择更新方式，❷单击"确定"按钮，如图9-14所示。

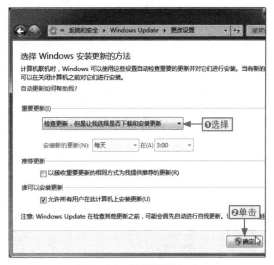

图9-14 选择更新方式

更新方式的选择

系统自动更新安装方式有5种选择，其中"请选择一个选项"和"从不检查更新"选项都不能检查和安装更新，用户可根据自己的情况进行选择。

步骤05 首次手动启用自动更新，Windows 会要求安装Windows Update软件，单击"现在安装"按钮，如图9-15所示。

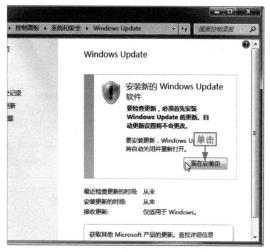

图9-15 安装Windows Update软件

步骤06 安装完成后，系统自动检测已发布但本地未安装的更新，单击"××个重要更新 可用"超链接（"××"代表检测到的可用更新数量），如图9-16所示。

图9-16 查看可用更新

步骤07 在打开的对话框中选中需要安装更新左侧的复选框，单击"确定"按钮，如图9-17所示。

图9-17 选择要安装的更新

步骤08 在返回的窗口中单击"安装更新"按钮，开始下载并安装所选更新，如图9-18所示。

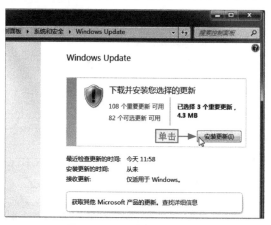

图9-18 下载并安装更新

使用第三方工具更新系统

因为Microsoft更新服务器与我国的网络延时较高，使得Windows Update安装系统更新的速度非常慢，并且有些更新并非必要。

用户可以使用如360安全卫士、百度卫士、QQ管家等第三方工具更新，速度相对Windows Update要快很多。

9.2 使用 360 完全卫士维护系统

小白：我看许多人电脑中都安装有什么安全卫士，我需不需要也安装一个安全卫士呢？

阿智：如果你觉得使用系统自带维护工具比较麻烦，则可以安装一些安全卫士，它们可以简化系统维护操作。常见的有360安全卫士、金山卫士等，下面介绍一下360安全卫士。

360安全卫士是奇虎360公司推出的一款功能强、效果好的上网安全软件，集木马查杀、插件清理、漏洞修复、电脑体检、电脑救援、隐私保护等多种功能于一体。如图9-19所示为360安全卫士主界面。

图9-19　360安全卫士主界面

9.2.1 获取和安装360安全卫士

学习目标　下载360离线安装包并安装应用程序

难度指数　★★

360安全卫士可以在360官网上获取最新的安装程序，其安装方式有在线安装和离线安装两种，用户可自行选择安装程序下载，离线安装方法如下。

步骤01　进入360官方网站(http://www.360.com/)，将鼠标指针移动到"电脑软件"菜单项上，单击"安全卫士"超链接，如图9-20所示。

图9-20 单击"安全卫士"超链接

步骤02 进入360安全卫士下载页面，单击"离线下载包"超链接，如图9-21所示。

图9-21 下载离线安装包

步骤03 ❶在浏览器下方出现的提示条上单击"保存"按钮右侧的下拉按钮，❷选择"另存为"命令，如图9-22所示。

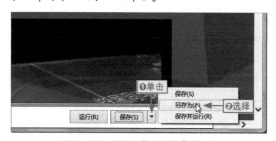

图9-22 选择"另存为"命令

步骤04 ❶在打开的对话框中选择文件保存的位置，❷单击"保存"按钮开始下载安装文件，如图9-23所示。

图9-23 选择保存位置

步骤05 下载完成后，在提示条上单击"打开文件夹"按钮，如图9-24所示。

图9-24 打开文件夹

步骤06 在打开的文件夹中双击Setup.exe文件，如图9-25所示。

图9-25 启动安装程序

步骤07 ❶在打开的对话框中选择安装位置，这里选择安装到D盘，❷单击"自定义安装"超链接，如图9-26所示。

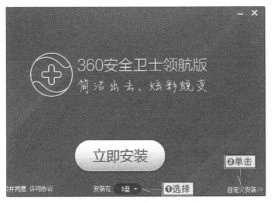

图9-26 启动自定义安装

步骤08 ❶在"功能开关"栏中关闭不需要安装的功能，❷在"其他选项"栏中取消选中不需要的复选框，❸单击"立即安装"按钮，如图9-27所示。

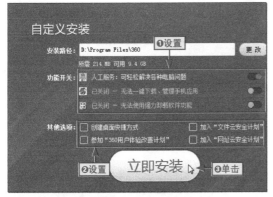

图9-27 设置安装选项

9.2.2 全面体检系统

360安全卫士为用户提供了系统全面体检功能，全面检测电脑系统的危险设置、垃圾文件、运行速度等，其具体操作方法如下。

学习目标 掌握使用360安全卫士体检系统的方法
难度指数 ★★

步骤01 启动360安全卫士应用程序，单击"立即体检"按钮，如图9-28所示。

图9-28 开始体检

步骤02 此时，360安全卫士将自动开始对电脑系统进行体检，如图9-29所示。

图9-29 正在自动检测

步骤03 体检完成后，可以看到电脑的系统得分.如果电脑不安全，可以单击"一键修复"按钮进行修复，如图9-30所示。

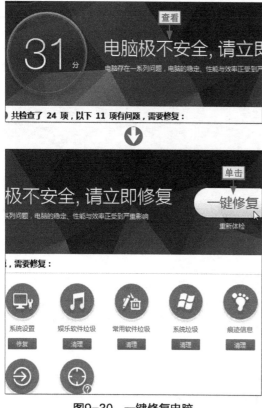

图9-30　一键修复电脑

步骤04 程序自动开始进行修复，此时用户只需要耐心等待，如图9-31所示。

图9-31　正在自动修复电脑

步骤05 稍后，在打开的电脑体检提示对话框中要求确认是否优化和清理，根据提示进行优化和清理操作，完成后单击"关闭并清理"按钮关闭该对话框，如图9-32所示。

图9-32　确认优化和清理

利用一键修复功能修复系统漏洞

360一键修复功能，包括修复Windows系统漏洞、检测网络安全和查杀木马等，操作简单，非常适合电脑新手对电脑进行维护。用户在使用电脑的时候，可定期对电脑进行安全体检与修复。

9.2.3 清理插件

在日常上网或安装软件的过程中，可能会安装一些插件，但很多插件是不需要的。清除多余的插件可以加快系统运行速度，其具体操作方法如下。

学习目标　通过360安全卫士清理不需要的插件
难度指数　★★★

步骤01 在360安全卫士主界面中单击"电脑清理"按钮，如图9-33所示。

图9-33　开始对电脑进行清理

步骤02 在打开的界面中单击"清理插件"超链接，如图9-34所示。

图9-34　单击"清理插件"超链接

步骤03 进入到清理插件页面中，单击"开始扫描"按钮，如图9-35所示。

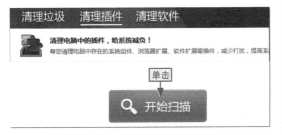

图9-35　扫描电脑中的插件

步骤04 扫描结束后，单击"立即清理"按钮完成插件的清理，如图9-36所示。

图9-36　清理插件

9.2.4　常用功能介绍

360安全卫士的功能非常强大，下面简单介绍一些在使用电脑时需要用到的功能。

学习目标	简单了解360安全卫士的其他功能
难度指数	★★

查杀修复

在360安全卫士主界面单击"查杀修复"按钮可启用该功能，它能有效检测电脑中的木马病毒并修复系统漏洞，时刻保持电脑健康，如图9-37所示。

图9-37　查杀修复功能

查杀修复方式的选择

360安全卫士的查杀修复方式有3种，其中快速扫描和全盘扫描使用频率最高，快速扫描只查杀和修复电脑中比较容易留存木马的区域，而全盘扫描则是对电脑的整个硬盘进行木马查杀和系统修复，需要的时间比较长。

功能大全

在360安全卫士主界面的右下角单击"更多"超链接，即可进入360功能大全页面，可以看到非常多的电脑管理功能。单击任何一款功能超链接，都可以运行该功能来对电脑进行相应的维护，如图9-38所示。

图9-38 功能大全

人工服务

在360安全卫士主界面单击右下角的"人工服务"按钮，可以启用并进入360人工服务页面，通过该页面。用户可以直接寻找各种问题的具体解决方案，也可寻找专家进行问题的实时咨询，如图9-39所示。

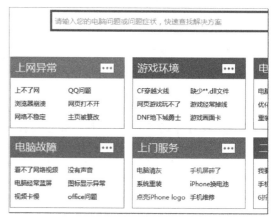

图9-39 人工服务页面

优化加速

若用户觉得电脑开机或者运行速度比较慢，则可以在主界面中单击"优化加速"按钮，就会启用电脑优化加速功能，通过设置开机加速、系统加速、网络加速和硬盘加速，可有效提升电脑的整体使用速度，如图9-40所示。

图9-40 优化加速页面

认识360杀毒软件

　　对于一般的电脑木马病毒，使用360安全卫士就可以清理。而遇到一些较为顽固的病毒时，就需要使用专业的杀毒软件才能处理。360杀毒软件扫描的结果比360安全卫士更为全面，在日常使用电脑时随系统启动，这样可以实时保护电脑的安全。其具体操作是：启动360杀毒应用程序，❶单击"全盘扫描"或"快速扫描"按钮，待扫描完成后，❷单击"立即处理"按钮，即可对电脑病毒进行清理，如图9-41所示。

图9-41　使用360杀毒软件处理电脑病毒

9.3　使用软媒魔方维护系统

小白：为什么我每次运行360安全卫士维护系统时，电脑系统的运行速度就会变慢呢？

阿智：这主要是因为电脑的内存太小了，而360安全卫士的安装程序又较大，就会占用很大的内存空间。我重新给你推荐一款系统维护软件，那就是软媒魔方，它可以不用安装就能直接运行。

　　软媒魔方是软媒旗下的一款多功能电脑维护工具，集系统美化、优化、修复、监控以及磁盘等工具于一体，相对于360安全卫士而言，其绿色免安装版使用起来更加方便。

9.3.1　获取软媒魔方免安装版

　　对于经常安装或维护系统的用户而言，

更喜欢使用绿色免安装的软件，软媒魔方提供了完整的绿色免安装版软件，其获取方法如下。

学习目标 掌握获取软媒魔方免安装程序的方法
难度指数 ★★★

步骤01 进入软媒魔方官方网站(http://mofang.ruanmei.com/)，在首页中单击"完整绿色版"超链接，如图9-42所示。

图9-42 下载应用程序

步骤02 选择文件保存位置并下载文件，❶在浏览器下方出现的提示条上单击"保存"按钮右侧的下拉按钮，❷选择"另存为"命令，如图9-43所示。

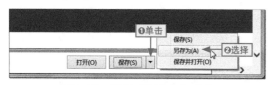

图9-43 选择"另存为"命令

步骤03 ❶下载完成后，在下载的文件上右击，❷选择"解压到当前文件夹"命令，如图9-44所示。

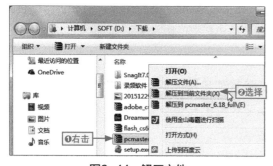

图9-44 解压文件

步骤04 双击解压得到的文件夹，在其中即可看到软件包含的所有组件。双击"读我"文本文档，即可查看各组件的功能，如图9-45所示。

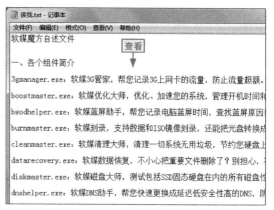

图9-45 查看各组件功能介绍

9.3.2 清理电脑中的垃圾文件

软媒魔方将各功能以独立组件的形式放在其根目录下，清理电脑垃圾可使用"软媒清理大师"进行，具体操作如下。

学习目标 用软媒魔方清理电脑垃圾
难度指数 ★★★

步骤01 双击cleanmaster.exe文件，启动软媒清理大师，❶单击"全选"超链接，❷单击"开始扫描"按钮，如图9-46所示。

图9-46 开始扫描所有垃圾文件

步骤02 扫描完成后，单击界面右下角的"清理"按钮，开始对垃圾进行清理，如图9-47所示。

图9-47　清理扫描到的垃圾文件

步骤03 垃圾清理完成后，在界面上方单击"注册表"按钮，如图9-48所示。

图9-48　切换界面

步骤04 进入到注册表界面后，单击"开始扫描"按钮，如图9-49所示。

图9-49　扫描注册表中的垃圾文件

步骤05 扫描完成后，确认所有扫描到的选项都已选中，单击"立刻清理"按钮清理注册表垃圾，如图9-50所示。

图9-50　清理注册表垃圾

9.3.3　快速卸载多余的软件

有的顽固软件无法通过系统自带的卸载功能完全清除，此时可以使用软媒魔方中的"软媒软件管家"进行卸载，其具体操作如下。

学习目标　用软媒软件管家卸载软件
难度指数　★★★

步骤01 在软媒清理大师界面中单击"软件卸载"按钮，如图9-51所示。

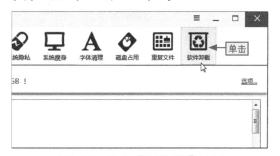

图9-51　单击"软件卸载"按钮

步骤02 在打开的界面中找到需要删除的应用程序选项，单击其后的"卸载"按钮，即可将其卸载掉，如图9-52所示。

图9-52 卸载软件

9.3.4 更改系统高级设置

软媒魔方可以对系统的很多高级功能进行设置，包括系统设置、安全设置和网络设置等，其具体操作如下。

学习目标 利用软媒魔方进行系统高级设置
难度指数 ★★★

步骤01 双击winmaster.exe程序，启动魔方设置大师，在打开的页面中单击"多媒体优化设置"选项卡，如图9-53所示。

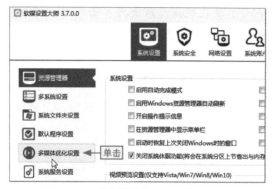

图9-53 "多媒体优化设置"选项卡

步骤02 ❶选择需要优化的项目左侧的复选框，❷单击"保存设置"按钮，如图9-54所示。

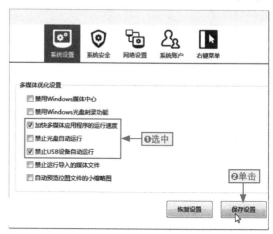

图9-54 多媒体优化设置

步骤03 在界面左侧单击"开关机设置"选项卡，如图9-55所示。

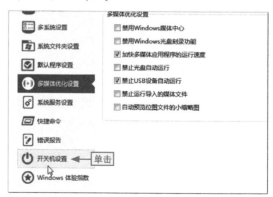

图9-55 切换选项卡

步骤04 ❶选中需要优化的项目的复选框，❷单击"保存设置"按钮，如图9-56所示。

图9-56 进行开关机优化设置

步骤05 ❶单击"网络设置"按钮，❷单击"网络加速设置"选项卡，如图9-57所示。

图9-57 准备进行网络加速设置

步骤06 ❶在右侧窗格中选择当前电脑的上网方式，❷单击"自动优化"按钮，如图9-58所示。

图9-58 自动进行网络加速优化

步骤07 在打开的对话框中单击"确定"按钮完成优化，如图9-59所示。

图9-59 确定优化网络

步骤08 ❶切换到"网络共享设置"选项卡，❷在"共享设置"栏中选中相应选项的复选框，单击"保存设置"按钮更改网络共享设置，如图9-60所示。

图9-60 更改网络共享设置

步骤09 ❶在"共享列表"列表框中选择不需要共享的选项，❷单击"清除共享"按钮清除所选共享资源，如图9-61所示。

图9-61 清除不需要的共享资源

给你支招 | Windows Update 检查更新失败怎么办

小白： 在将Windows自动更新方式更改为"检查更新，但让我选择是否下载和安装更新"后，检查更新时出现错误代码 80072EE2，这是怎么回事呢？

阿智： 检查更新时出现80072EE2错误代码，是因为连接自动更新服务器出错，用户可换个时间段再检查更新，或通过Windows Update疑难解答来检测电脑设置或其他可能影响自动更新的问题，其具体操作如下。

步骤01 打开"控制面板"窗口，在其中单击"查找并解决问题"超链接，如图9-62所示。

图9-62 单击"查找并解决问题"超链接

步骤02 在打开的窗口中单击"使用Windows Update解决问题"超链接，然后根据向导提示完成操作，如图9-63所示。

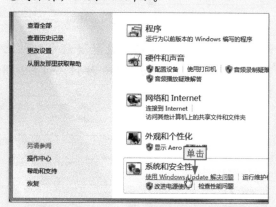

图9-63 启动Windows Update疑难解答

给你支招 | 为什么不需要对固态硬盘进行碎片整理

小白： 使用固态硬盘后，Windows自动关闭了磁盘碎片整理的计划任务，在网上也看到很多人都说固态硬盘不需要进行碎片整理，是这样吗？

阿智： 磁盘碎片整理程序的原理是将硬盘上零散的数据有序地进行排列，以减少寻址时间，提高磁盘的访问速度。而固态硬盘的电子读写原理决定了它可以快速地找到任何一块数据，寻址时间几乎可以忽略不计。并且固态硬盘每个区块的读写次数是有寿命限制的，磁盘碎片整理可能加快硬盘的老化，减少其使用寿命。

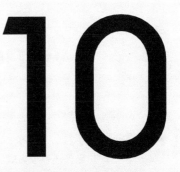

Chapter

10

备份与还原
操作系统及数据

学习目标

　　虽然成功安装了Windows系统，但在使用过程中可能会出现一些莫名其妙的故障，而这些故障可能会很难排除。在安装完系统或系统工作正常的时候，可以对系统进行备份；那么系统在出现故障时，可以轻松恢复到正常状态。操作系统备份与还原的方法也有很多，本章主要介绍几种最常见的方法。

本章要点

- 开启自动还原功能
- 手动创建还原点
- 备份系统和软件
- 还原系统设置
- 还原系统文件

- 用Ghost备份系统分区
- 用Ghost还原备份的分区
- 安装一键还原精灵装机版
- 设置引导热键
- 用还原精灵备份系统

......　　　　　　　　　　　......

知识要点	学习时间	学习难度
Windows备份还原功能	50分钟	★★★
一键Ghost备份与恢复系统	60分钟	★★★★
一键还原精灵备份还原系统	70分钟	★★★★

10.1 Windows 备份还原功能

阿智：你怎么又在重装操作系统呢？

小白：因为不小心删除了C盘中的一个文件，现在无法启动电脑了，就只能重装操作系统，另外还有很多软件都要重装。

阿智：其实在使用电脑的过程中，要定期对电脑进行备份，这样在遇到电脑故障时，可以直接使用备份文件进行还原。下面就来介绍一下如何使用Windows自带的备份还原功能。

为解决操作系统容易出现故障，且处理故障难度较大的问题，Windows系统为用户提供了系统备份还原功能，可以备份Windows系统并在需要时还原到备份时的状态。

10.1.1 开启自动还原功能

如果用原版光盘安装的Windows 7系统，是默认开启了自动还原功能的，但有些Ghost版系统或某些优化软件会关闭此功能，如果用户要开启该功能，可按如下方法开启。

学习目标	开启系统分区的自动还还原功能
难度指数	★★

步骤01 ❶右击桌面上的"计算机"图标，❷选择"属性"命令，如图10-1所示。

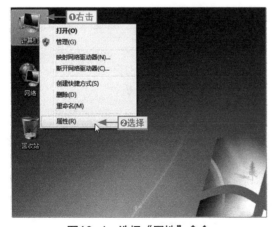

图10-1　选择"属性"命令

步骤02 在打开的窗口左侧单击"系统保护"超链接，如图10-2所示。

图10-2　单击"系统保护"超链接

步骤03 ❶在打开对话框的"保护设置"列表框中选择系统所在的分区，❷单击"配置"按钮，如图10-3所示。

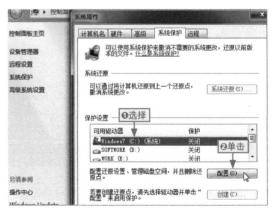

图10-3　选择要开启自动还原的分区

步骤04 ❶选中"还原系统设置和以前版本的文件"单选按钮，❷调整"最大使用量"滑块到合适位置，❸单击"确定"按钮，如图10-4所示。

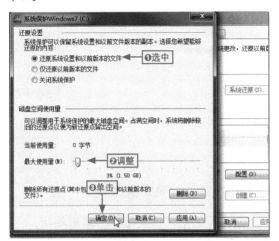

图10-4 开启分区的自动还原功能

10.1.2 手动创建还原点

开启自动还原功能之后，Windows系统就会在特定的时候创建还原点。用户也可以在系统能够正常运行的情况下，手动创建还原点，以供日后选择恢复，其创建方法如下。

学习目标 手动创建还原点
难度指数 ★★★

步骤01 打开"系统"窗口，在左侧单击"系统保护"超链接，如图10-5所示。

图10-5 单击"系统保护"超链接

步骤02 打开"系统属性"对话框，❶在"系统保护"选项卡中选择系统所在的分区，❷单击"创建"按钮，如图10-6所示。

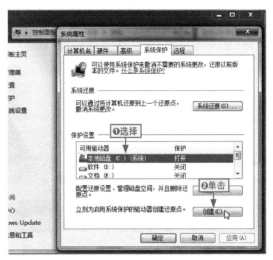

图10-6 准备创建还原点

选择本地磁盘(C：)的原因

选择"本地磁盘（C：）"选项是为系统所在的磁盘分区创建还原点，也可以选择其他的分区创建还原点。

步骤03 ❶在打开的"系统保护"对话框中输入还原点的描述，❷单击"创建"按钮即可，如图10-7所示。

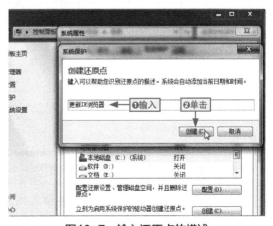

图10-7 输入还原点的描述

10.1.3 备份系统和软件

利用自动还原功能创建的还原点仅包含一些系统设置和更改过的系统文件，如果要备份整个系统和一些软件，可通过以下操作进行。

学习目标 利用系统备份功能备份整个系统

难度指数 ★★★

步骤01 打开"控制面板"窗口，单击"备份您的计算机"超链接，如图10-8所示。

图10-8 打开"控制面板"窗口

步骤02 在打开的窗口中单击"设置备份"超链接，如图10-9所示。

图10-9 启动系统备份工具

步骤03 ❶在打开的对话框中选择备份文件保存位置，❷单击"下一步"按钮，如图10-10所示。

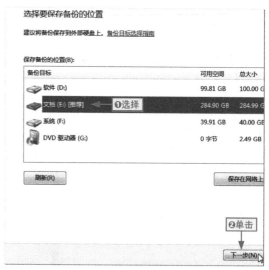

图10-10 选择备份文件保存位置

步骤04 ❶选中"让我选择"单选按钮，❷单击"下一步"按钮，如图10-11所示。

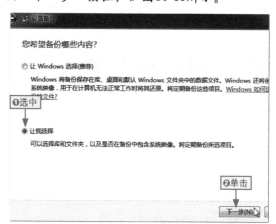

图10-11 选择备份内容的方式

备份内容的选择

在创建备份的时候，如果让Windows自动选择，会备份用户库文件、桌面文件和Windows目录中的数据文件，并同时创建一个系统分区的映像副本。

如果需要自己定义所备份的内容，如选择具体备份哪些库、备份额外的哪些驱动器等，则需要选中"让我选择"单选按钮，再单击"下一步"按钮。

步骤05 ❶在打开的对话框中选中要备份内容的复选框，❷单击"下一步"按钮，如图10-12所示。

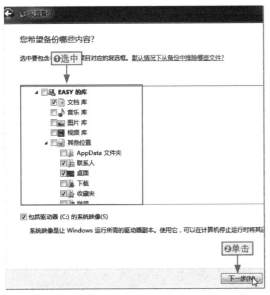

图10-12　选择要备份的内容

步骤06 在打开的对话框中单击"保存设置并运行备份"按钮，即可开始进行备份，如图10-13所示。

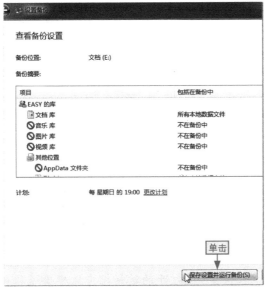

图10-13　开始备份所选内容

10.1.4　还原系统设置

如果要将系统设置还原到之前的某个时间，只要创建了这个时间的还原点就可以实现，其具体操作如下。

学习目标	利用还原向导还原系统设置
难度指数	★★★

步骤01 打开"系统属性"对话框，在"系统保护"选项卡中单击"系统还原"按钮，如图10-14所示。

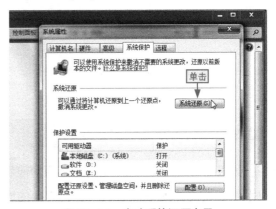

图10-14　启动系统还原向导

步骤02 单击"下一步"按钮，❶在打开的对话框中选择要使用的还原点，❷单击"下一步"按钮，如图10-15所示。

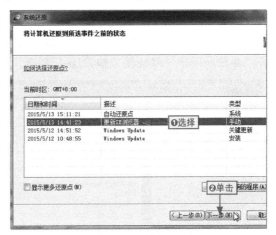

图10-15　选择还原点

步骤03 ❶在打开的对话框中单击"完成"按钮，❷在打开的对话框中单击"是"按钮，系统将自动重启并还原到备份状态，如图10-16所示。

图10-16 确认还原系统设置

10.1.5 还原系统文件

如果之前通过Windows备份与还原功能做过系统以及文件的备份，则可以在需要的时候进行还原，还原过程中可选择还原指定文件或还原全部文件，其具体操作方法如下。

学习目标 利用还原向导还原系统设置
难度指数 ★★★

步骤01 打开"操作中心"窗口，在左侧单击"备份和还原"超链接，如图10-17所示。

图10-17 单击"备份和还原"超链接

步骤02 在打开的窗口下方单击"还原我的文件"按钮，如图10-18所示。

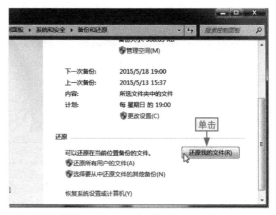

图10-18 打开系统还原向导

步骤03 在打开的对话框中单击"浏览文件夹"按钮，如图10-19所示。

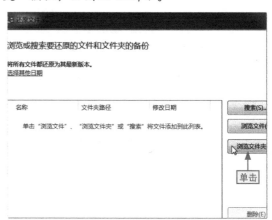

图10-19 选择还原方式

还原方式的选择

在选择还原方式时，如果单击"浏览文件"按钮，则由用户指定要还原的文件；如果单击"浏览文件夹"按钮，则由用户指定要还原的文件夹，同时还原该文件夹下的所有文件。

步骤04 ❶在打开的对话框中选中要还原的文件夹选项，❷单击"添加文件夹"按钮，如图10-20所示。

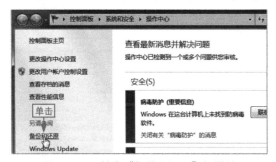

图10-20　添加到还原的文件夹

步骤05 添加完成后，返回"还原文件"对话框，单击"下一步"按钮，如图10-21所示。

图10-21　单击"下一步"按钮

步骤06 ❶在打开的对话框中确认文件恢复位置，❷单击"还原"按钮，如图10-22所示。

图10-22　确认文件还原位置

10.2　一键 Ghost 备份与还原系统

小白：你介绍的所有Windows系统备份还原功能，都只能在可以启动电脑的前提下使用，我的电脑现在无法启动，也就无法使用该功能。

阿智：还有其他办法啊，比较常用的就是一键Ghost备份还原系统，它可以解决你的问题。下面来看看它是如何实现的。

使用系统自带的备份与恢复工具进行系统备份具有一定的局限性，当系统无法正常启动时，是无法进行还原的。而Ghost软件可以将整个系统分区甚至整个硬盘都备份下来，在系统出现问题时进行恢复，从而达到重装系统和软件的效果。

10.2.1　用Ghost备份系统分区

Ghost工具除了可以用来安装系统外，也可以将硬盘的某个分区或整个硬盘保存为文件，起到备份系统的作用。用Ghost软件将C盘备份为文件保存到E盘新建文件夹中的方法

如下。

学习目标　用Ghost将系统分区备份到E盘中
难度指数　★★★

步骤01 用任意方式启动Ghost软件，在程序的主界面中单击OK按钮，如图10-23所示。

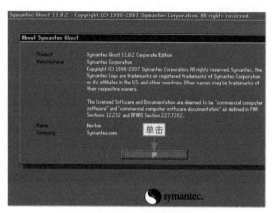

图10-23　进入系统主界面

步骤02 在打开的对话框中，直接单击OK按钮选择硬盘，如图10-24所示。

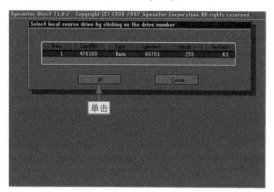

图10-24　确认要操作的硬盘

步骤03 选择Local→Partition→To Image命令并按Enter键，如图10-25所示。

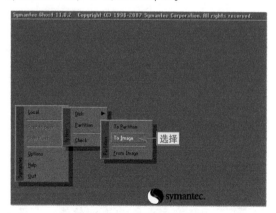

图10-25　选择操作类型

步骤04 ❶在打开的对话框中选择第一个分区并按Enter键，❷按Tab键，移动光标到OK按钮上，按Enter键确认，如图10-26所示。

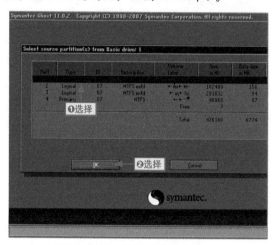

图10-26　选择要备份的分区

步骤05 ❶按Alt+I组合键定位光标，按↓键，❷在弹出的下拉列表中选择"1.3"选项（表示第1块硬盘的第3个分区），如图10-27所示。

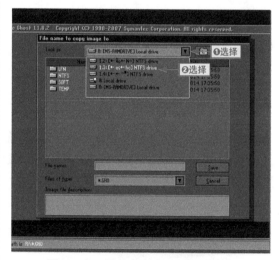

图10-27　选择备份文件保存的分区

步骤06 ❶多次按Tab键，将光标移动到"新建文件夹"按钮上，按Enter键，❷并在新建的文件夹上输入名称，如图10-28所示。

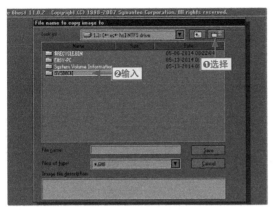

图10-28　新建文件夹

步骤07 按Enter键进入文件夹内部，❶按Tab键移动光标到File name文本框中，输入文件夹名，❷再移动光标到Save按钮上，按Enter键，如图10-29所示。

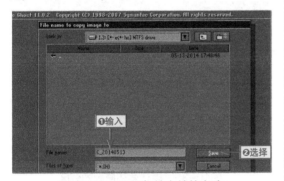

图10-29　设置备份文件的名称

步骤08 在打开的对话框中，按→键将光标移动到High按钮上，按Enter键，如图10-30所示。

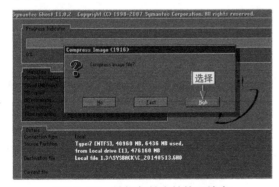

图10-30　选择备份文件的压缩率

备份文件压缩率的选择

在使用 Ghost 软件将分区创建为映像文件时，有3种压缩率可选择。如果选择 No，表示不压缩，制作出来的映像文件大小与所选分区已使用大小相近；如果选择 Fast，表示快速压缩，映像文件制作速度快，但文件大小相对较大；如果选择 High，表示高度压缩，映像文件制作的速度相对较慢，但文件大小非常小，便于保存。

步骤09 在打开的对话框中单击Yes按钮后按Enter键，如图10-31所示。

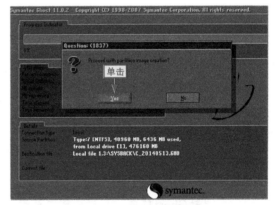

图10-31　确认备份分区文件

步骤10 待系统备份完成后，在打开的对话框中单击Continue按钮返回程序主界面，如图10-32所示。

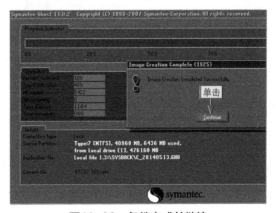

图10-32　备份完成并继续

电脑组装、维护与故障排除（第2版）

步骤11 在主菜单中选择Quit命令，然后按Enter键退出Ghost程序，即可完成操作，如图10-33所示。

键，如图10-34所示。

图10-33　退出Ghost程序

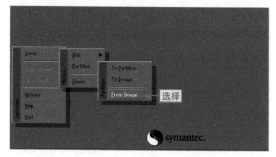

图10-34　选择操作类型

10.2.2　用Ghost还原备份的分区

如果使用Ghost备份过系统分区(有系统分区的GHO映像文件)，则在系统出现问题时，可以使用Ghost还原系统，其操作方法与运行Ghost安装系统基本相同，需要特别注意的是还原到的分区选择。

学习目标	用Ghost还原备份的系统
难度指数	★★★

步骤01 启动Ghost程序，在程序主菜单中选择Local→Partition→From Image命令并按Enter

步骤02 ❶依次执行选择映像、确认映像文件、选择目标硬盘操作后，进入选择目标分区对话框，❷单击OK按钮后进行系统还原，如图10-35所示。

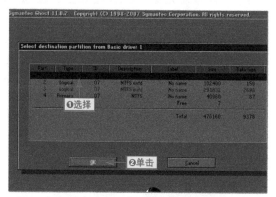

图10-35　确认要还原到的分区

10.3　一键还原精灵备份与还原系统

小白：使用Ghost备份还原对电脑新手显得有些复杂，操作起来比较困难，有没有更简单一些的方式？

阿智：当然有，比较常用的就是一键还原精灵，它具有比较直观的操作界面，只需要根据界面中的简单提示即可完成备份还原操作。

一键还原精灵是一款基于Ghost核心的完全免费的系统备份和还原工具，其原理与Ghost基本相似，但它可以安装到系统中，并提供简单的向导，让普通用户也能轻松备份和还原系统。

10.3.1

一键还原精灵装机版的安装采用向导式安装，在安装过程中会对软件进行一些基本设置，其基本操作方法如下。

学习目标 掌握安装一键还原精灵装机版方法
难度指数 ★★★

步骤01 启动一键还原精灵的安装程序，单击"下一步"按钮，❶在打开的对话框中取消选中其中的复选框，❷单击"下一步"按钮，如图10-36所示。

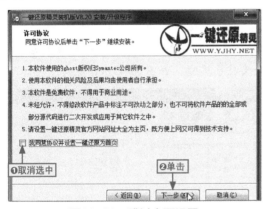

图10-36　跳过主页设置

步骤02 ❶在打开的对话框中取消选中"安装百度超级搜索"复选框，❷单击"下一步"按钮，如图10-37所示。

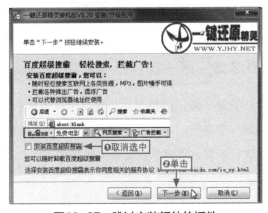

图10-37　跳过安装额外的插件

步骤03 ❶在打开的对话框中选中"F11键"单选按钮，❷单击"下一步"按钮，如图10-38所示。

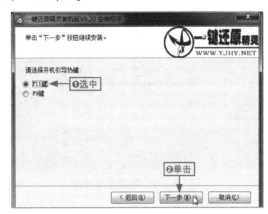

图10-38　设置开机引导热键

步骤04 ❶在打开的对话框中保持默认的安装方式，❷单击"重启继续"按钮，❸在打开的对话框中单击"确定"按钮重启电脑，如图10-39所示。

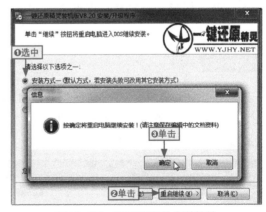

图10-39　确认重启并安装软件

一键还原精灵软件的获取

一键还原精灵是经典的系统备份和还原软件，但已经很长时间未更新了，其专业版不支持Windows 7以上系统和新的SATA2硬盘，因此新系统中基本都使用装机版。用户可在www.yjhy.net/xzdz页面的下方找到该软件的下载地址。

步骤05 在此过程中不要进行任何操作，待程序安装完成后，在打开的对话框中单击"确定"按钮重新启动电脑，如图10-40所示。

图10-40　完成软件安装

10.3.2　设置引导热键

一键还原精灵装机版支持引导热键的修复和更改，可以选择使用中文或英文提示界面的F11键或F9键，其设置方法如下。

学习目标	掌握更改引导热键的方法
难度指数	★★★

步骤01 ❶在桌面双击"一键还原精灵装机版"快捷方式，❷在打开的对话框中单击"高级选项"按钮，如图10-41示。

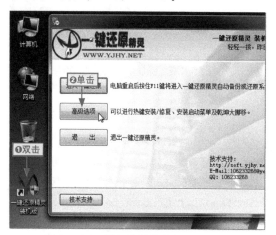

图10-41　进行软件的高级选项设置

步骤02 在打开的对话框中单击"热键安装/修复"按钮，如图10-42所示。

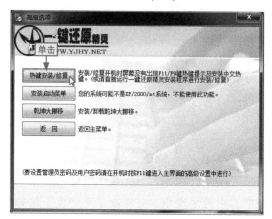

图10-42　准备修复或安装引导热键

步骤03 ❶在打开的对话框中选中"F11键(中文)"选项，❷单击"确定"按钮重新启动并修改引导热键，如图10-43所示。

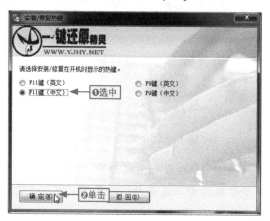

图10-43　选择引导热键

10.3.3　用一键还原精灵备份系统

安装一键还原精灵后，需要先将当前系统创建一个备份，才能在系统无法正常工作的时候进行恢复。创建系统备份的操作如下。

学习目标	用一键还原精灵创建系统备份
难度指数	★★★

步骤01 在开机过程中按F11键进入一键还原精灵，在主界面中单击"备份"按钮，如图10-44所示。

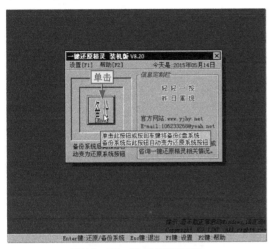

图10-44　准备备份系统

步骤02 在打开的对话框中单击"确定"按钮或按Enter键开始备份C盘，如图10-45所示，完成后自动重启并进入系统。

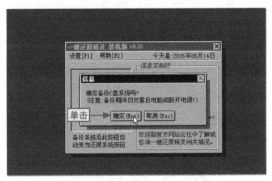

图10-45　开始备份系统

自动备份和恢复

在首次进入还原精灵时，会有10秒倒计时，倒计时结束后会自动执行系统备份操作。当已创建过系统备份的情况下再次进入还原精灵，同样会有10秒倒计时，倒计时结束后会自动还原系统到上次备份状态。只有在倒计时结束前按Esc键，才会进入程序主界面进行手动操作。

10.3.4　轻松还原系统

一键还原精灵的系统还原功能就如软件的名字一样，只需按一个键就可以轻松还原系统，其具体操作如下。

学习目标　用一键还原精灵还原系统到备份状态
难度指数　★★★

步骤01 在开机过程中屏幕出现如图10-46所示的提示信息时，按F11键启动一键还原精灵。

图10-46　启动一键还原精灵

步骤02 程序会自动进入10秒倒计时，如果不按Esc键，倒计时结束自动开始还原系统，如图10-47所示。

图10-47　自动还原系统

10.3.5　设置管理员和用户密码

为了防止未经许可的用户通过一键还原精灵对系统进行还原操作，可以为一键还原精灵设置管理员和用户密码，其具体操作如下。

学习目标 为一键还原精灵设置密码保护
难度指数 ★★★

步骤01 进入一键还原精灵主界面，❶单击"设置"菜单项，❷选择"管理员密码设置"命令，如图10-48所示。

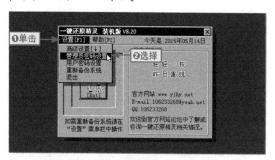

图10-48 准备设置管理员密码

步骤02 ❶在打开的对话框中两次输入相同的管理员密码，❷单击"确认"按钮，如图10-49所示。

图10-49 设置管理员密码

步骤03 返回一键还原精灵主界面，❶单击"设置"菜单项，❷选择"用户密码设置"命令，如图10-50所示。

图10-50 准备设置用户密码

步骤04 ❶在打开的对话框中两次输入用户员密码，❷单击"确认"按钮，如图10-51所示。在打开的对话框中单击"确定"按钮返回程序主界面，完成用户密码设置。

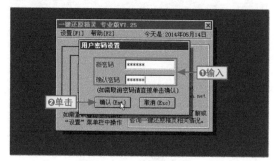

图10-51 设置用户密码

小绝招

设置密码后的效果

在为一键还原精灵设置用户密码后，启动软件时会要求输入用户密码，如图10-52所示，只有密码正确后才会开始10秒倒计时，然后自动恢复系统。

设置的管理员密码不会影响一般的系统备份和还原，只有在更改一键还原精灵的高级设置或卸载一键还原精灵时才会要求验证。

图10-52 要求输入用户密码

10.3.6 创建永久还原点

一键还原精灵支持永久还原点创建，该还原点可以在用户重新备份系统时不受影响。但一台电脑只能创建一次永久还原点，因此建议在系统非常健康的时候创建，其具体操作如下。

学习目标 为系统创建永久还原点
难度指数 ★★★

步骤01 进入一键还原精灵主界面，❶单击"设置"菜单项，❷选择"高级设置"命令，如图10-53所示。

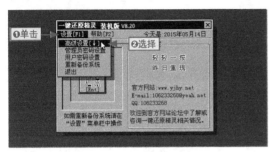

图10-53 选择"高级设置"命令

步骤02 如果设置了管理员密码，输入密码后按Enter键，在打开的对话框中单击"永久还原点操作"按钮，如图10-54所示。

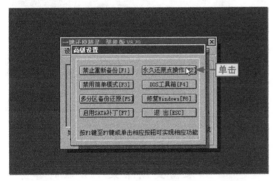

图10-54 单击"永久还原点操作"按钮

步骤03 在打开的对话框中单击"创建永久还原点"按钮，如图10-55所示。

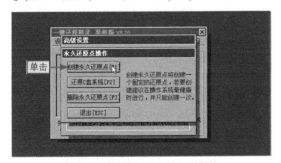

图10-55 准备创建永久还原点

步骤04 在打开的对话框中单击"确定"按钮开始创建永久还原点，如图10-56所示。

图10-56 开始创建永久还原点

永久还原点的其他操作

在"永久还原点操作"对话框中可以还原C盘到创建还原点状态或删除永久还原点，只需要在该对话框中单击相应的按钮即可。

10.3.7 备份和还原其他分区

一键还原精灵默认的备份和还原操作都是针对当前硬盘的C盘进行的。如果要对其他分区进行备份和还原，可按如下操作进行。

学习目标 为其他分区备份和还原
难度指数 ★★★

步骤01 进入一键还原精灵主界面，❶单击"设置"菜单项，❷选择"高级设置"命令，如图10-57所示。

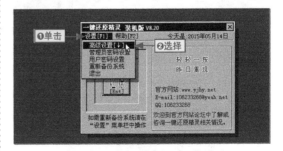

图10-57 选择"高级设置"命令

步骤02 ❶在打开的对话框中输入管理员密码，❷单击"确定"按钮，如图10-58所示(若未设置管理员密码，则会跳过此步)。

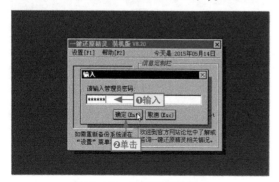

图10-58 验证管理员密码

步骤03 在打开的对话框中单击"多分区备份还原"按钮，如图10-59所示。

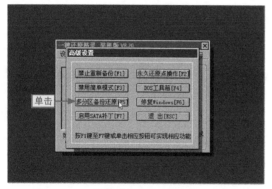

图10-59 单击"多分区备份还原"按钮

步骤04 在打开的对话框中间的下拉列表中选择要备份的分区选项，如图10-60所示。

图10-60 选择要备份的分区

步骤05 单击左侧的"备份"按钮或按F1键备份所选分区，如图10-61所示。

图10-61 备份除C盘外的其他分区

步骤06 如果需要还原备份的其他分区，❶可以在"多分区备份还原"对话框的下拉列表中选择要还原的分区，❷单击"还原"按钮即可，如图10-62所示。

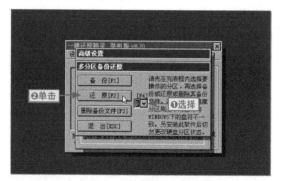

图10-62 还原备份的分区

步骤07 如果需要删除某个分区的备份文件，❶可以在"多分区备份还原"对话框的下拉列表中选择要删除的备份文件，❷单击"删除备份文件"按钮，如图10-63所示。

图10-63 删除分区备份文件

给你支招　|　如何将 Windows 7 中创建的还原点删除

小白：Windows 7系统开启自动还原功能后，在安装系统更新和更改驱动等相关操作中会自动创建还原点，这样不仅让电脑变慢了，而且还占用了电脑中的部分磁盘空间，如何删除这些还原点呢？

阿智：Windows系统自动创建的还原点所占用的空间可以由用户指定，当还原点文件大于指定的占用空间时，系统将自动删除最早创建的还原点。用户也可以手动删除所有已创建的还原点，其操作方法如下。

步骤01 打开"开始"菜单，❶在"计算机"按钮上右击，❷选择"属性"命令，如图10-64所示。

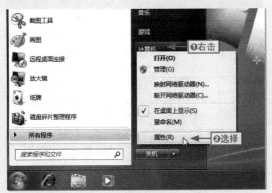

图10-64　选择"属性"命令

步骤02 在打开的窗口左侧单击"系统保护"超链接，如图10-65所示。

图10-65　单击"系统保护"超链接

步骤03 ❶在"保护设置"列表框中选择要删除还原点的分区，❷单击"配置"按钮，如图10-66所示。

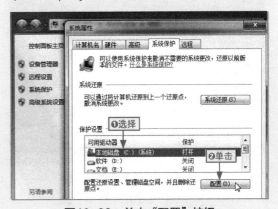

图10-66　单击"配置"按钮

步骤04 ❶在打开的对话框中单击"删除"按钮，❷在打开的对话框中单击"继续"按钮确认删除还原点，如图10-67所示。

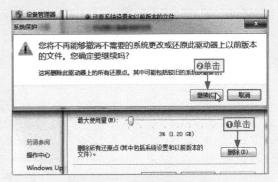

图10-67　确认删除还原点

给你支招 | 怎样使用一键还原精灵重新备份系统

小白： 在使用一键还原精灵创建了系统备份后，再次进入软件，原来的"备份"按钮变为了"还原"按钮，要怎么才能重新备份现在的系统呢？

阿智： 一键还原精灵默认允许创建一个系统备份文件，再次进入系统后都是执行还原操作。如果要重新备份系统，可按如下操作进行。

步骤01 启动程序后按Esc键进入一键还原精灵主界面，❶单击"设置"菜单项，❷选择"重新备份系统"命令，如图10-68所示。

步骤02 在打开的对话框中单击"确定"按钮，确定覆盖当前的备份文件，从而创建新的备份，如图10-69所示。

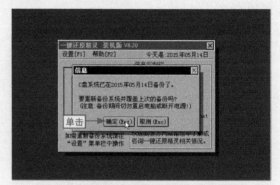

图10-68 准备重新备份系统

图10-69 确认重新备份系统

Chapter

11

快速解决操作系统与软件故障

在Windows安装过程中，可能出现各种故障，这些故障一般都和硬件有关，可有针对性地对故障进行排查。Windows系统从开机到进入桌面以及使用应用软件的过程中，出现的故障都可视为启用故障，此类故障很难直接判断其产生的原因，排查起来也相对困难。本章将列举一些常见的系统与软件使用过程中的故障及其排除方法。

本章要点

- 系统安装过程中死机、黑屏
- 安装时找不到设备
- Ghost安装系统后无法启动
- 系统安装后出现蓝屏
......

- 按电源开关电脑无反应
- 开机后显示器无信号输出
- 按电源开关后有报警声
- 自检完成后无法引导系统
- 忘记登录密码
......

知识要点	学习时间	学习难度
系统安装与启动过程中的常见故障	60分钟	★★★
系统使用过程中的故障	60分钟	★★★★
应用软件的常见故障	70分钟	★★★★

系统安装过程中的常见故障

小白：安装操作系统的过程中，电脑出现了死机，是不是电脑硬件有问题？应该如何进行处理？

阿智：操作系统在安装过程中出现故障是一种很常见的现象，但是大部分都和硬件的安装有关。下面就针对不同的故障介绍相应的故障处理方法。

随着计算机使用越来越普遍，很多用户都会自己安装系统，但在安装系统的过程中也可能出现一些意外情况，导致系统安装失败。这里总结一下系统安装过程中经常遇到的故障及其排除方法。

11.1.1 系统安装过程中死机、黑屏

用原版系统安装光盘安装系统的过程中，经常死机，无法正常安装。造成这种故障的原因有很多，如电脑散热不好、内存不稳定或兼容性不好以及Windows无法正确识别硬件等，可按如下方法尝试排除。

学习目标	了解Windows安装中死机的故障原因
难度指数	★★

散热不好

检查CPU风扇运转是否正常，CPU散热器温度是否过高，如图11-1所示。可使用电风扇为主机箱强制降温，看系统是否能成功安装。

图11-1 检查CPU散热器散热情况

硬件安装有误

这里的安装有误一般是指CPU风扇接错位置，不正确的连接方式可能导致BIOS无法控制CPU风扇的转速来帮助CPU散热，CPU风扇的电源需要连接到专用插座上，如图11-2所示。

图11-2 检查CPU风扇连接

内存问题

内存不稳定或者兼容性不好也会影响到系统的安装，可更换另一条内存或更换一个内存插槽进行测试，如图11-3所示。

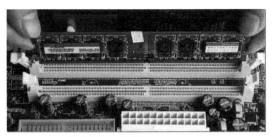

图11-3 更换内存条

无法正确识别硬件

在安装系统的过程中会检测当前已连接的所有硬件，如果有不能识别的硬件，可能会导致死机。此时可将不必要的硬件全部卸下，仅保留主板、CPU、内存和显卡(最小系统)，接上电源再进行安装，如图11-4所示。

图11-4 最小系统的构成

11.1.2 安装时找不到设备

用Ghost光盘安装系统时，自动安装无法进行，找不到硬盘，这种情况多出现在支持高级硬盘管理模式的主板上，可尝试更改BIOS中的硬盘模式来解决。

学习目标 解决安装系统找不到设备的故障
难度指数 ★★★

步骤01 在电脑启动过程中根据提示按相应的按键进入BIOS设置界面，如图11-5所示。

图11-5 进入BIOS设置界面

步骤02 ❶在BIOS中找到Configure SATA as或SATA Mode一类的选项，❷将其值改为IDE，如图11-6所示。

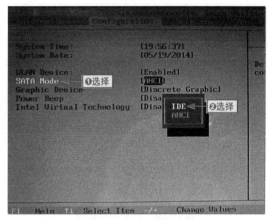

图11-6 更改硬盘模式

步骤03 按F10键，在打开的对话框中选择Yes选项后按Enter键，保存并退出BIOS设置界面即可，如图11-7所示。

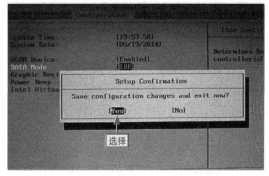

图11-7 保存并退出BIOS设置界面

11.1.3 Ghost安装系统后无法启动

使用PM进行分区后用Ghost一键安装系统到C盘，但重新启动后却提示找不到硬盘。此故障通常是由于分区后未设置活动分区，或者活动分区不是C盘导致的，可以通过如下方法进行解决。

学习目标 解决Ghost安装后无法启动的问题
难度指数 ★★★

步骤01 重新进入PM分区工具主界面，在其中找到并选择Ghost复制文件到的目标分区(该目标分区通常为硬盘的第一分区)，如图11-8所示。

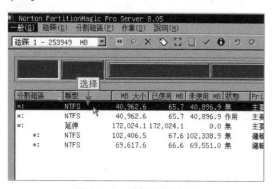

图11-8 选择目标分区

步骤02 ❶单击"作业"菜单项，❷在弹出的菜单中选择"进阶"→"设定为作用"命令，将分区设置为活动分区，如图11-9所示。

活动分区的设置

设置活动分区是为了告诉BIOS到硬盘的哪个分区去找引导文件，很多分区工具在创建分区的时候会自动把第一个创建的主分区设置为活动分区，但也有些软件不会自动设置，如PM。

如果当前硬盘有多个主分区，但系统安装的分区并不是活动分区，则在活动分区中找不到引导文件时，也会出现启动错误。

图11-9 设置活动分区

步骤03 单击"确定"按钮回到程序主界面，❶单击"执行"按钮，❷单击"是"按钮确认调整，如图11-10所示。

图11-10 确认调整活动分区

步骤04 完成后单击"确定"按钮重新启动电脑，如图11-11所示。

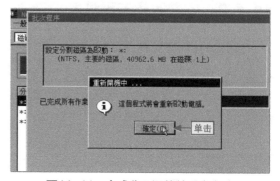

图11-11 完成分区调整并重启电脑

11.1.4 系统安装完后出现蓝屏

使用Ghost光盘安装的系统，文件复制完后重新启动，到Windows徽标的时候就蓝屏，这通常是主板驱动导致的。

遇到这问题，可以在Ghost复制完文件并重新启动时，注意屏幕变化，当出现驱动安装的时候，立即让其中的某选项停止自动安装，❶然后取消选中与主板相关的驱动选项，❷再单击"开始"按钮进行安装，如图11-12所示。

学习目标	解决系统安装完后蓝屏的问题
难度指数	★★★

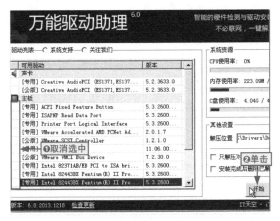

图11-12 取消安装主板驱动

驱动的自动安装

Ghost系统光盘中通常会集成大量的驱动程序，以使系统能在更多的电脑平台上使用。这些驱动在通过软件选择性安装的时候，软件可能检测出错误的硬件信息导致安装错误的驱动，就可能导致系统无法启动或其他一些故障。

有些Ghost光盘的驱动是全自动安装的，用户根本无法选择，如果这类系统光盘在电脑上安装后出现蓝屏，就只能更换其他光盘安装了。

11.1.5 Ghost文件复制不完全

使用Ghost安装光盘还原系统时，出现错误，无法安装文件。导致这种错误出现的情况较多，用户可参考表11-1所示的方法尝试解决。

学习目标	了解Ghost复制文件出错的原因及排除方法
难度指数	★★

表11-1 Ghost复制文件出错原因及处理

可能原因	处理意见
映像文件错误	在网上下载的映像文件，一定要校验MD5码
光盘质量	购买或刻录盘质量有问题而导致还原失败，需要更换光盘
光驱质量	光驱激光头老化，读盘能力下降，导致还原失败，需使用其他光驱
刻录机问题	刻录机质量问题或老化，刻出的盘质量有问题，导致还原失败，需重新刻盘
刻录方式	因刻录速度过快导致光盘不好读，建议刻录时选择较低速度再刻录一次
超刻	因超过刻录盘容量而导致部分数据不完全引起还原失败。CD盘刻录内容尽量不大于680MB，DVD盘不大于4.3GB
硬盘有坏道	因为坏道导致Ghost无法写入，可重新分区以屏蔽坏道再继续
硬盘没有盘符	因病毒破坏或者其他意外导致的分区表丢失，Ghost还原时找不到目标而失败，需要修复分区表或重新对分区格式化
硬件超频	因为对电脑进行超频不稳定导致还原失败，可在BIOS中载入默认设置后保存，再重新安装

其他可能的问题

如果排除了表 11-1 中的所有问题仍然不能完成文件复制，则可能是其他硬件兼容性问题。首先考虑内存的兼容性问题，可以尝试清洁内存、更换内存插槽、使用单条内存等方式来解决。

独立判断电源是否有故障

要知道电脑的电源是否有故障，可单独对其进行简单检测。对于普通 ATX 电源，在电源的输出接口上，有一排 20Pin 或 24Pin 的插头。以 24Pin 的插头为例（将其额外的 4Pin 除开，就是 20Pin 插头），其针脚排列顺序如图 11-13 所示，各针脚的定义如表 11-2 所示。

图11-13　24Pin电源插头针脚定义顺序

表11-2　24Pin电源插头针脚定义

针脚	1	2	3	4	5	6	7	8	9	10	11	12
颜色	橙	橙	黑	红	黑	红	黑	灰	紫	黄	黄	橙
电压	+3.3V	+3.3V	COM	+5V	COM	+5V	COM	PWR_OK	5VSB	+12V	+12V	+3.3V
针脚	13	14	15	16	17	18	19	20	21	22	23	24
颜色	橙	蓝	黑	绿	黑	黑	黑	白	红	红	红	黑
电压	+3.3V	-12V	COM	PS_ON	COM	COM	COM	-5V	+5V	+5V	+5V	COM

在 24Pin 的插头中，第 4 针脚和第 20 针脚（20Pin 插头的第 18 针脚）分别为 +5V 和 -5V 输出，用导线将这两个针脚连接起来，如图 11-14 所示，再插上电源。如果电源风扇开始转动，表示电源是好的，若风扇不转，则说明电源有故障。

图11-14　单独检测电源开关状态

11.2 系统启动过程中的常见故障

小白： 在启动电脑的过程中，有时候按下电源开关后显示器没有显示，这是不是系统出现问题了？

阿智： 也不一定，首先需要了解系统启动过程中的常见故障，然后一一排除，最终才能确定故障是硬件引起的还是软件引起的。

电脑要使用，第一步就是先进行启动，而很多直观的故障就是在系统启动过程中出现的，这时用户往往都比较慌张，认为电脑出现了很大的问题。其实如果掌握了一些常见启动故障的排除方法，一般的故障都可自行处理。

11.2.1 按电源开关电脑无反应

电脑外部线路连接都正确，但按主机电源按钮却没有任何反映，这种情况多数是由于主机供电线路、主机电源或电源开关问题所致，可按如下方法排除。

学习目标 学习排除开机无响应的故障
难度指数 ★★

检查主板电源连接

在确定主机外部线路供电正常后打开主机箱，检查主机箱内部电源输出的主要插头是否正确连接到主板上，如图11-15所示。

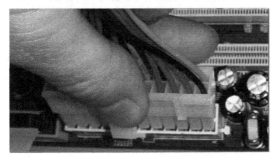

图11-15 检查主板电源连接

检查电源按钮的接线

确认电源线连接正确后，再检查机箱前面板的电源控制线是否已经正确连接到主板上的POWER LED和POWER LED+针脚上，如图11-16所示。

图11-16 检查前面板的电源线连接

11.2.2 开机后显示器无信号输出

按电源按钮开机后，电脑主机运行看似正常，但显示器上无任何信号输出，此故障可能是显示器连接故障或显示器硬件故障引起的，可按如下方法排除。

学习目标 排除开机后无信号输出的故障
难度指数 ★★

检查显示器供电

首先需要检查显示器供电是否正常，最简单的方法是按显示器的电源按钮，看是否有指示灯的变化，如图11-17所示。

图11-17　指示灯是否亮

检查显示器数据线连接

在供电正常且显示器打开的情况下，直接拔下与主机相连的数据线再插上，如图11-18所示，看显示器是否有变化(包括电源指示灯颜色变化)，如果有变化，说明连接正常。

图11-18　检查显示器数据线连接

检查系统是否正常运行

在线路连接都检查完后，如果主机指示灯正常亮或闪烁，可反复按键盘上的Num Lock键，看数字锁定指定灯是否正常，如图11-19所示。如果正常，说明主机运行正常，故障就出现在显示器上，需要更换数据线或显示器进行测试。

图11-19　检查数字键指示灯

 检测电脑最简单常用的方法

反复按 Num Lock 键是检查系统是否正常运行最常用的方法。若指示灯响应及时，说明系统运行正常；有延时，说明反应特慢；如果无反应，说明已死机。

11.2.3　按电源开关后有报警声

按电源开关后，BIOS开始报警，不能正常引导系统，此类故障通常是由于BIOS设置、硬件接触或硬件本身引起的，可根据以下方法检查或排除。

 学习目标 根据BIOS自检信息或报警声排除故障
难度指数 ★★★

根据BIOS自检信息排除故障

如果开机发出警报的时候，屏幕上有自检信息显示，则可以根据自检信息来了解故障情况并排除故障，常见的BIOS错误信息及对应解决办法如表11-3所示。

表11-3 Ghost复制文件出错原因及处理

错误信息	排除方法
Memory Error	内存错误。重新插拔内存，清理内存金手指或更换内存
Bad CMOS Battery	CMOS电池电量不足。需要更换主板电池
CMOS Checks UM Error	CMOS参数错误。进入BIOS设置程序，重新设置CMOS参数
Display Card Mismatch	显卡参数不匹配。进入BIOS，载入默认安全设置
Keyboard Error	键盘错误。检查键盘是否与主机正确连接或键盘是否损坏
Memory Size Mismatch	内存大小不匹配。进入BIOS设置程序，载入默认安全设置

根据BIOS警报声排除故障

如果开机发出警报声，可以根据报警声的长短或次数判断是电脑的哪个部件出现故障。由于BIOS类型不同，报警声的含义也不一样，Award BIOS和AMI BIOS报警声及其含义如表11-4和表11-5所示。

表11-4 Award BIOS常见报警声及其含义

声音特性	报警声的含义
1短	系统正常启动
2短	常规错误，进入BIOS设置程序，调整时间日期等常规选项
1长2短	主板或内存故障
1长3短	显卡或显示器故障
1长9短	主板BIOS损坏

续表

声音特性	报警声的含义
持续长响	内存不能识别或损坏
重复短响	电源故障
无明显规律长响	电源或显卡未连接好

表11-5 AMI BIOS常见报警声及其含义

声音特性	报警声的含义
1短	内存刷新失败
2短	内存校验错误
3短	基本内存错误
4短	系统时钟错误，可检查CMOS电池
5短	CPU故障，检查CPU温度和设置
6短	键盘故障，键盘不能识别或没有连接
7短	实模式错误
8短	内存显示出错
9短	BIOS校验出错
1长3短	内存故障，内存错误

11.2.4 自检完成后无法引导系统

电脑开机并自检完成后，无法正常引导系统，屏幕有提示信息，此类故障通常是由于硬盘故障或操作系统文件丢失引起的，可根据提示信息进行排除。

学习目标 排除无法引导系统的故障
难度指数 ★★★

停留在主板LOGO界面

如果开机后停留中主板LOGO界面，或停留在自检完成的界面，通常是由于主板硬盘接口或硬盘连接线导致的，可重新更换一条硬盘连接线再试，如图11-20所示。若仍不行，可能需要维修主板硬盘接口。

图11-20　更换硬盘线

屏幕左上角显示提示信息

如果BIOS自检后进入引导状态，但屏幕左上角显示有提示信息无法继续，可参照表11-6所示的错误信息进行处理。

表11-6　系统无法启动的错误提示

错误信息	错误说明或处理
Disk boot failure，Insert System Disk	硬盘引导失败，插入系统磁盘。可用分区工具修复硬盘引导扇区
Missing Operating System	操作系统丢失。检查系统盘是否已经正确安装了操作系统，并将其设置为活动分区
Invalid Partitiontable	错误的分区表。手动修复分区表或者重新对硬盘分区格式化
Missing NTLDR	NTLDR文件丢失（仅在XP系统中可能出现）。修复安装系统
以下文件损坏或丢失……	修复安装Windows，如果故障依旧，可更换内存

11.3　系统使用过程中的常见故障

小白：电脑启动后，常常会自动打开一些讨厌的广告页面，而且有时还不能删除，你说该如何解决呢？

阿智：电脑启动后自动打开广告页面，一般都是恶意软件篡改了主页，并设置了随系统启动。其实电脑在使用的过程中，还可能出现其他许多故障，只有了解了这些故障与解决方法，才能更好地使用电脑。

Windows系统是一个非常庞大而复杂的系统，如果设置不当，可能会给正常使用带来不便。这里列举一些常见的系统设置故障及其排除方法，帮助用户更好地使用Windows。

11.3.1　忘记登录密码

为了系统安全，很多用户会为电脑设置登录密码。但如果很长一段时间没用电脑，可能会忘记密码，此时就需要将该密码清除或直接绕过加密用户系统。

1. 用第三方软件清除登录密码

很多系统维护光盘都带有Windows密码清除软件，这里以杏雨梨云系统维护光盘为例，介绍具体操作。

学习目标　用第三方工具清除Windows登录密码
难度指数　★★★

步骤01 通过U盘或光盘启动到维护光盘界面，选择密码清除工具并按Enter键，这里选择"运行Active @ Password Changer"选项，如图11-21所示。

图11-21 运行密码清除工具

密码清除工具的选择

现在市面上大多数系统维护光盘所带的Windows登录密码清除工具基本都是同一款，但在制作成维护光盘的时候，可能给工具起了不同的名称。用户在使用过程中根据自己光盘界面的选项进行选择即可。

步骤02 在打开的界面中要求选择SAM文件所在的分区，如果不知道，可以输入2并按Enter键让工具自动搜索，如图11-22所示。

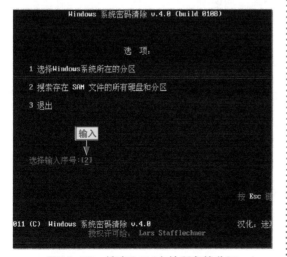

图11-22 搜索SAM文件所在的分区

步骤03 搜索完成后按Enter键继续，如图11-23所示。

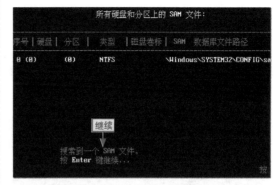

图11-23 找到SAM文件

选择SAM文件

SAM文件是Windows系统的用户账户信息文件，里面包含了当前系统所创建的用户账户及密码等信息。如果电脑中安装了多个系统，则在搜索结果中可能会存在多个SAM文件，此时就需要选择自己要登录的系统所在的分区的SAM文件再继续操作。

步骤04 在打开的界面中列举了SAM文件中包含的所有用户信息，可输入要清除密码的用户名对应的序号并按Enter键继续，如图11-24所示。

图11-24 选择要清除密码的用户

步骤05 在打开的界面中按确认"清除此用户的密码"选项为选中状态，按Y键保存设置，然后按任意键退出重启即可，如图11-25所示。

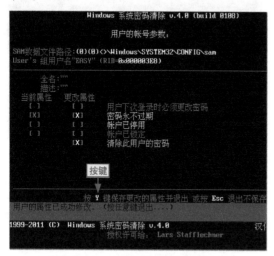

图11-25　成功清除所选用户密码

如何选择选项

在密码清除软件中，如果要选择某个选项，可以按方向键将光标移动到该选项上（字体颜色变为黄色），再按空格键，当其左侧出现一个"X"时表示选中，否则为不选中。

2. 绕过加密用户登录系统

如果不想破坏当前用户的密码但又想使用电脑，则可以利用Windows 7系统的轻松访问功能，启动命令提示符来添加一个新的用户，其具体操作如下。

学习目标 在登录界面访问命令提示符新建用户
难度指数 ★★★★

 步骤01 通过任意带Windows PE的工具启动Windows PE系统，❶在系统盘的Windows\System32\Magnify.exe文件上右击，❷选择"属性"命令，如图11-26所示。

图11-26　选择"属性"命令

Magnify.exe文件介绍

Windows\System32\Magnify.exe文件是Windows 7系统下的屏幕放大镜小工具，在系统登录界面可通过"轻松访问"功能启动工具。这里的操作也可以选择OSK.exe（屏幕键盘）。

 步骤02 ❶在打开的对话框中单击"安全"选项卡，❷单击"高级"按钮，如图11-27所示。

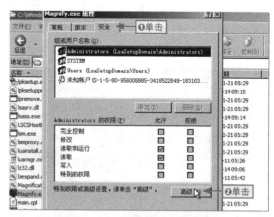

图11-27　单击"高级"按钮

 步骤03 ❶在打开的对话框中单击"所有者"选项卡，❷在"将所有者更改为"列表框中选择Administrators选项，❸单击"应用"按钮，如图11-28所示。

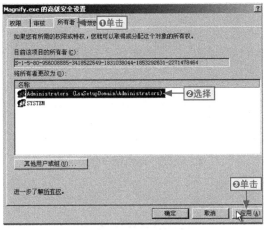

图11-28 更改文件所有者

步骤04 依次单击"确定"按钮关闭所有对话框，重新打开文件的属性对话框，❶在"安全"选项卡中选择Administrators选项，❷在下方列表框中选中"完全控制"复选框，❸单击"确定"按钮关闭对话框，如图11-29所示。

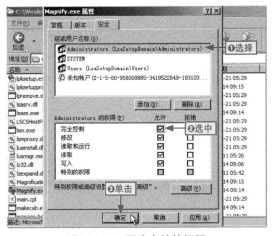

图11-29 更改文件的权限

注意备份文件

这里修改的是 Windows 系统文件。为了防止意外，在更改文件权限之前，建议先将要更改的文件复制到其他分区进行备份。

步骤05 将文件重命名(如Magnify1.exe)。用同样的方法更改Cmd.exe文件的权限，并将其重命名为Magnify.exe，如图11-30所示。

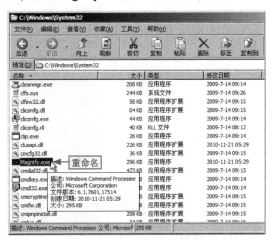

图11-30 重命名文件

步骤06 重新启动电脑，❶在登录界面左下角单击"轻松访问"按钮，❷在打开的对话框中选中"放大屏幕上的项目"复选框，❸单击"确定"按钮，如图11-31所示。

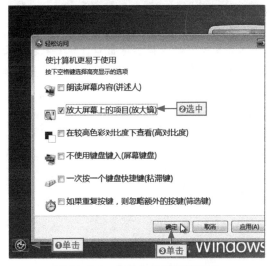

图11-31 启动命令提示符工具

步骤07 输入net user Test /add命令并按Enter键，新建一个名为Test的用户账户，如图11-32所示。

图11-32　新建账户(无密码)

步骤08 输入net localgroup administrators Test /add命令并按Enter键，将Test账户添加到管理员组中，如图11-33所示。

图11-33　为新账户赋予管理员权限

步骤09 关闭命令提示符窗口，❶在登录界面右下角单击"关机选项"按钮，❷在弹出菜单中选择"重新启动"命令，如图11-34所示。

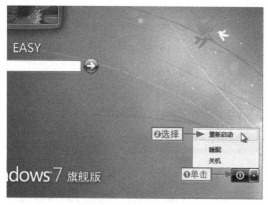

图11-34　重新启动系统

步骤10 重启后在登录界面单击Test选项，即可登录系统，如图11-35所示。

图11-35　用新用户登录系统

用新账户管理原账户

由于新添加的账户具有管理员权限，因此在登录系统后，通过控制面板的"账户管理"操作，可以更改或删除原来的账户密码，如图11-36所示。

图11-36　更改原账户的密码

11.3.2　快捷键打不开资源管理器

Windows 7原来可以用Windows+E组合键打开资源管理器，现在却不能了。这种情况多数是由于安装了某些与Windows不兼容的软件导致注册表被修改，此时可更改注册表设置来恢复，具体操作如下。

学习目标 通过修改注册表恢复资源管理器的快捷键
难度指数 ★★★★

步骤01 打开"运行"对话框，❶输入命令regedit，❷单击"确定"按钮，打开注册表编辑器，如图11-37所示。

图11-37　打开注册表编辑器

步骤02 展开HKEY_CLASSES_ROOT\Folder\shell\explore\command分支，如图11-38所示。

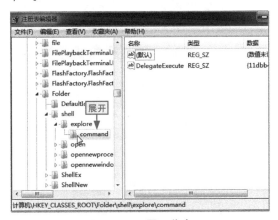

图11-38　展开分支

步骤03 ❶双击DelegateExecute值项，❷在打开的对话框中，输入{11dbb47c-a525-400b-9e80-a54615a090c0}作为其值，❸单击"确定"按钮，如图11-39所示，完成后重启电脑即可。

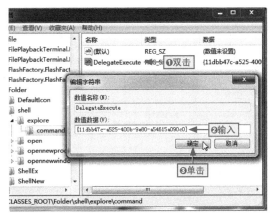

图11-39　更改参数

11.3.3 关机后自动重启

有时候明明选择的是"关机"命令，电脑却自动重新启动了，只有重新关机或强制关机。这种故障多出现在系统运行出错，或更改过系统设置，此时可尝试通过如下方法解决。

学习目标 解决Windows关机变重启的故障
难度指数 ★★★★

步骤01 ❶在桌面"计算机"图标上右击，❷选择"属性"命令，如图11-40所示。

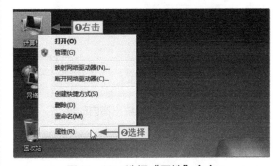

图11-40　选择"属性"命令

步骤02 ❶在左侧单击"高级系统设置"超链接，❷在打开对话框的"启动和故障恢复"栏中单击"设置"按钮，如图11-41所示。

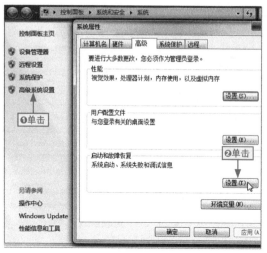

图11-41　单击"设置"按钮

步骤03 ❶在打开对话框中取消选中"将事件写入系统日志"和"自动重新启动"复选框，❷在"写入调试信息"下拉列表中选择"（无）"选项，❸单击"确定"按钮，如图11-42所示。

图11-42　禁止系统出错自动重启

11.3.4　恢复被禁用的任务管理器

在任务栏上右击，在弹出的快捷菜单中的"任务管理器"命令变为灰色不可用状

态。这种情况多数是由于病毒原因导致的，可以对系统全面杀毒后通过以下方法恢复。

学习目标　通过组策略编辑器恢复被禁用的任务管理器
难度指数　★★★★

步骤01 打开"运行"对话框，❶输入命令gpedit.msc，❷单击"确定"按钮，打开"组策略编辑器"窗口，如图11-43所示。

图11-43　打开组策略编辑器

步骤02 在左侧的目录树中展开"用户配置"→"管理模板"→"系统"→"Ctrl+Alt+Del选项"目录，如图11-44所示。

图11-44　展开目录

步骤03 ❶在右侧窗格中的"删除'任务管理器'"选项上右击，❷选择"编辑"命令，如图11-45所示。

图11-45　选择"编辑"命令

步骤04 ❶在打开的对话框中选中"未配置"或"已禁用"单选按钮，❷单击"确定"按钮关闭对话框即可，如图11-46所示。

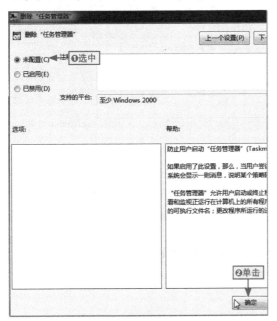

图11-46　更改策略设置

11.3.5　Aero特效无法启用

Aero特效是Windows 7系统的一大特色，但系统使用过程中却无法启用该特效，重新

安装显卡驱动后仍然无效，使用自动修复功能，却被提示"已禁用桌面窗口管理器"。要解决此故障，可尝试以下方法。

学习目标　能正确启用Aero特效

难度指数　★★★★

步骤01 打开"运行"对话框，❶输入命令services.msc，❷单击"确定"按钮打开"服务"窗口，如图11-47所示。

图11-47　输入命令

步骤02 ❶在右侧列表框中的Desktop Window Manager Session Manager选项上右击，❷选择"属性"命令，如图11-48所示。

图11-48　选择"属性"命令

步骤03 ❶在"启动类型"下拉列表中选择"自动"选项，❷单击"启动"按钮启动服务，❸单击"确定"按钮关闭对话框，如图11-49所示。

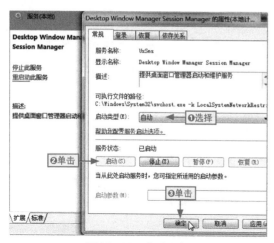

图11-49　启动服务

图11-50　运行命令

步骤05 确认Desktop Window Manager Session Manager选项的选中状态，重新启动电脑即可，如图11-51所示。

图11-51　检查服务的启动状态

步骤04 ❶在"运行"对话框中输入msconfig，❷单击"确定"按钮，如图11-50所示。

11.4　应用软件的常见故障

小白： 电脑在使用了一段时间后，Word的启动速度越来越慢，每次都要等待很久才能开始进行办公操作，要不要重装Office呢？

阿智： 不用那么麻烦，Word变慢是因为电脑中的插件越来越多，每次启动Word时都会加载这些插件。同样，其他应用软件的故障也会增多，只是你还没遇到而已，下面就来介绍几种应用软件的常见故障。

电脑中必须要安装软件才能完成特定的功能，如文档编排需要Word软件、病毒查杀需要杀毒软件等，但软件在安装和使用过程中也可能出现一些故障。

11.4.1 刚进入系统就死机

在新安装一款杀毒软件时要求重新启动，重启后一进入系统就死机。这种情况通常是杀毒软件冲突造成的，可进入安全模式，卸载其中的一个即可，其操作方法如下。

了解Windows安装死机的故障原因

难度指数 ★★★

步骤01 在开机自检完成后，不断按F8键，在打开的"高级启动选项"界面中选择"安全模式"选项，按Enter键进入，如图11-52所示。

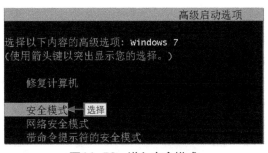

图11-52 进入安全模式

步骤02 进入安全模式后，通过"开始"菜单打开"所有控制面板项"窗口，单击"程序和功能"超链接，如图11-53所示。

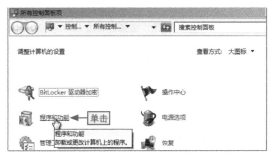

图11-53 单击"程序和功能"超链接

步骤03 ❶在打开窗口中间的列表框中选择要卸载的杀毒软件，❷单击"卸载/更改"按钮，启动软件自带的卸载程序，完成卸载后重启即可，如图11-54所示。

图11-54 卸载多余的杀毒软件

11.4.2 Word启动变慢

Word程序在使用一段时间后，启动速

度变得很慢。这种情况多数是由于用户安装的其他软件在Word中添加了过多的插件造成的，可以在Word中禁用不需要的插件，下面就以Word 2013为例来讲解相关操作。

学习目标 解决Word启动速度变慢的问题
难度指数 ★★★

步骤01 启动Word 2013应用程序，在"文件"选项卡中单击"选项"按钮，如图11-55所示。

图11-55 单击"选项"按钮

步骤02 ❶单击"加载项"选项卡，❷在"管理"下拉列表中选择"COM加载项"选项，❸单击"转到"按钮，打开"COM加载项"对话框，如图11-56所示。

图11-56 选择"COM加载项"选项

步骤03 ❶取消选中不需要的加载项选项，❷单击"确定"按钮，如图11-57所示，再依次关闭所有对话框，重启Word程序即可。

图11-57　禁用不需要的加载项

11.4.3　修复损坏的压缩文件

WinRAR压缩工具附带了修复损坏文件的功能，能够简单修复损坏不太严重的压缩包，使某些故障提示不再出现，其具体操作如下。

学习目标　使用WinRAR压缩工具修复文件
难度指数　★★★

步骤01　打开某些压缩文件时，经常会出现压缩包损坏的诊断信息，此时无法正常解压压缩包。单击"关闭"按钮，关闭诊断提示对话框，如图11-58所示。

图11-58　WinRAR诊断信息

步骤02 ❶在WinRAR界面中单击"工具"菜单项，❷选择"修复压缩文件"命令，如图11-59所示。

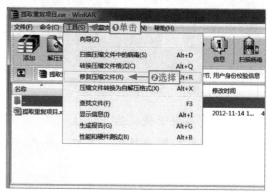

图11-59　修复压缩文件

步骤03 ❶在对话框中设置被修复的压缩文件保存的位置，❷选择压缩类型，❸单击"确定"按钮，如图11-60所示。

图11-60　设置压缩文件的类型

步骤04　修复完成后单击"关闭"按钮，会在设置的修复文件保存位置生成一个新的压缩包，该压缩包可以解压，如图11-61所示。

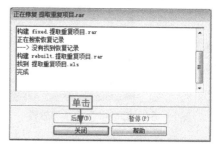

图11-61　修复完成

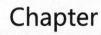

Chapter

12

常见硬件故障排除

学习目标

　　在使用电脑的过程中，可能时常会遇到电脑自动重启、不能正常开机与关机、系统运行缓慢、死机、蓝屏等故障。这些故障出现的原因可能是软件方面的问题，也可能是硬件方面的问题。本章主要通过介绍硬件引起的故障及其处理办法，帮助读者更加轻松地进行电脑硬件故障的排除。

本章要点

- ■ CPU超频引起的故障
- ■ CPU风扇引发的故障
- ■ CPU引发的其他电脑故障
- ■ CMOS电池故障
- ■ 主板故障诊断
- ■ 主板损坏类故障
- ■ BIOS程序的故障
- ■ 硬盘故障
- ■ 用PTDD分区表医生修复MBR
- ■ 用Disk Genius检测并修复硬盘坏道

......　　　　　　　　　　　　　　　......

知识要点	学习时间	学习难度
CPU常见故障排除	50分钟	★★★
主板与硬盘常见故障排除	70分钟	★★★★
其他硬件常见故障排除	50分钟	★★★

12.1 CPU 常见故障排除

小白：我按机箱电源按钮后，电脑无任何反应，机箱喇叭无鸣叫声，显示器没有信号，这是怎么回事儿呢？

阿智：如果确实出现你所描述的情况，那么基本可以判断是CPU出了故障。因为CPU出现故障最直接的现象就是电脑无法正常开机，下面介绍一些CPU常见的故障及其排除方法。

CPU是一台电脑中最重要的部件之一，各种数据的运算、处理都是由CPU处理器来完成的。由于CPU的集成度很高，因此其可靠性非常强，所以正确使用电脑的情况下出现CPU损坏概率很低，但也不可排除人为原因引起的CPU处理器损坏、烧毁等现象。

12.1.1 CPU超频引起的故障

CPU超频可提高电脑的性能，但会降低系统的稳定性和CPU的使用寿命，甚至不合理的超频可能引起一系列故障。

1. 判断CPU故障的方法

CPU引发的故障，一般都很容易判断，通过几个方面进行分析，可大致判断是否是CPU引发的电脑故障，如图12-1所示。

学习目标 掌握判断CPU故障的方法
难度指数 ★★

1 加电后按开机键，系统没有任何反应，主机指示灯不亮。

2 电脑频繁死机，即使在操作DOS系统或CMOS时，也会出现死机的情况，在检查其他硬件没有问题后，可大致判断是CPU引起的电脑故障。

3 电脑开机后自动断电，开机后不断重启或者使用短暂的时间就出现连续重启的现象。

4 电脑的整体性能下降，运行一段时间就出现频繁死机、蓝屏等故障。

图12-1 判断CPU故障的常用方法

2. CPU超频后提示访问注册表出错

在进行CPU超频设置后，重新启动系统，出现访问注册表出错的提示信息，重启多次故障依然存在。

此时，就需要考虑是病毒感染或CPU超频不合理引起的故障，应先检查系统是否感染病毒，然后分析是否是因为CPU超频引起的故障，如图12-2所示。

学习目标 学会CPU超频后注册表出错的故障排除
难度指数 ★★

1 选择安全模式启动电脑，如果启动后没有出现访问注册表出错的提示信息，而是提示重新启动电脑，则可在该模式下进行病毒查杀。

2 如果安全模式不能杀毒，可使用启动盘启动电脑，以最新的杀毒软件对电脑中各个磁盘进行彻底杀毒。

3 杀毒完成后，重启电脑，按F8键在启动菜单中选择"最后一次正确的配置"选项启动电脑，以恢复注册表。

4 如果发现故障依然存在，则是因为CPU超频引起的故障，在BIOS设置程序中恢复CPU频率，可直接恢复最优化的电脑配置。

图12-2 CPU超频后出现的故障分析

3. CPU超频后电脑无声音

在进行CPU超频设置后，重新启动系统，可以正常运行，但无任何声音，出现这种故障的原因可能是声卡故障或CPU超频不合理。因此，首先应该检查声卡是否出现故障，若声卡无故障，再判断是否是CPU超频的原因，如图12-3所示。

学习目标　学会CPU超频后声卡出错的故障排除
难度指数　★★

1
打开"设备管理器"窗口，检测声卡驱动是否安装正确。可右击"计算机"图标，选择"管理"命令，在窗口中选择"设备管理器"选项进行查看。

2
如果有几个声卡设备，查看是否有冲突。若有冲突，则禁用某个声卡设备。如果没有冲突，可能是驱动程序损坏，应重新安装声卡驱动程序。

3
安装正确的声卡驱动程序后，如果故障依然存在，则是CPU超频引发的故障，应在BIOS设置程序中重新设置超频或恢复BIOS设置。

图12-3　CPU超频后声卡出错的故障排除

CPU超频故障排除的注意事项

在为电脑配置了CPU超频后，还可能出现电脑开机后就死机、无法打开磁盘分区、蓝屏、黑屏、自动重启等故障。排除这些故障，要遵循从简单到复杂、从软件到硬件的原则，一步步确认发生故障的原因。

12.1.2　CPU风扇引发的故障

就算没有对CPU进行超频设置，CPU也可能会产生故障，如CPU风扇引发散热问题

导致CUP故障的产生。

1. 电脑运行时噪音太大且容易死机

启动电脑后，出现很大的噪声，在运行较短时间后，出现卡机、死机等情况。该故障的噪声可能是CPU风扇引起的，此时可以进行如图12-4所示的故障排除。

学习目标　了解CPU风扇引起故障的排除
难度指数　★★

1
首先关闭电脑，断开电源，拆开机箱，观察CPU风扇上是否有大量灰尘或其他杂物阻碍其正常运转。

2
如果发现CPU风扇上有大量灰尘，应拆下风扇，清理这些灰尘；如果没有灰尘，可能是风扇无润滑油而产生的噪声，为马达滴入1~2滴润滑油。

3
如果清除灰尘和加入润滑油后，噪声仍不能消除，并且使用一段时间后CPU温度有明显升高，建议更换新的CPU风扇。

4
更换新CPU风扇后，如果噪声消除，CPU散热正常(还可在更换风扇、清理灰尘时涂抹新的导热硅脂)，这可以说明是CPU风扇引起的电脑故障。

图12-4　电脑运行噪声大且容易死机故障排除

2. 更换CPU风扇后电脑无法启动

CPU风扇噪声太大，再更换风扇后重新启动电脑，发现电脑无法正常启动，且显示器无信号输入。此时可以判断故障可能是硬件方面的原因引起，首先需要检查主机的各个连接线、接口等是否正常，再分析其他原因，具体步骤如图12-5所示。

学习目标　学会处理更换CPU风扇后电脑无法启动的情况
难度指数　★★

1 断开电源，打开机箱盖，检查CPU风扇附近的连接线是否正常，如果正常则将其拆卸下来。

2 检查CPU是否在安装风扇时被损坏，查看CPU的针脚是否弯曲，如果没有问题，再将其重新安装到位。

3 如果CPU的针脚出现弯曲，可用尖嘴钳、镊子等工具小心地将其掰正，将CPU与CPU风扇重新安装好。

4 接通电源，检测是否正常。如果显示器仍无任何信号，但CPU风扇在正常运转，断开电源，检查其他在安装CPU风扇时可能被触动的设备。

图12-5　更换CPU风扇后电脑无法启动故障排除

3. 运行大型软件电脑死机或重启

电脑运行小型程序没有问题，运行大型程序或游戏时就死机或重启，可电脑的配置完全足够运行大型程序。

一般情况下，电脑死机或重启故障都是因为硬件温度过高引起的，此时需要先检查是否是软件系统方面的原因。

学习目标　学会处理电脑死机或重启的情况
难度指数　★★

　对电脑查毒

在安全模式下或使用启动盘，用最新版本的杀毒软件对电脑进行杀毒，并使用优化大师对电脑进行彻底的优化。

　测试电源是否稳定

拆开主机机箱，更换一个新的电源，检查是否是电源的原因造成的供电不足。

　确认CPU温度是否过高

如果电源正常，则在死机后立即打开机箱，用手触摸CPU散热片(注意烫手)，烫手则表明是CPU温度过高引起的死机。

　检查CPU风扇的散热片

检查CPU风扇的散热片是否安装正确，如果正确安装了CPU散热片，再检查CPU风扇的转速是否正常。

　检查CPU风扇的设置

如果风扇转速不正常，进入BIOS设置程序，检查CPU风扇的设置，将EQ FAN(风扇智能调速)设置为Disabled，同时也可以尝试更换新的风扇。

12.1.3　CPU引发的其他电脑故障

CPU是电脑的"心脏"，如果CPU出现任何故障，都会导致整个电脑无法正常使用。同时，CPU故障也会引发其他硬件设备工作不稳定。

1. CPU自身故障

CPU自身故障是指因为CPU或CPU风扇的安装不正确、损坏以及其他质量问题等引起的电脑故障。

一般情况下，CPU自身故障主要表现为CPU和散热片的温度过高，电脑无法正常启动或频繁出现死机情况等。遇到这类型故障，首先需要检查CPU的安装是否有问题，具体操作如图12-6所示。

学习目标 学会处理CPU自身引起的故障
难度指数 ★★

1 电脑能够启动，如果出现频繁死机等现象，可先用杀毒软件进行杀毒，确保不是因为软件方面的原因引起的故障。

2 打开机箱，清理CPU风扇上的灰尘，涂抹润滑油和导热硅脂，确保CPU风扇的转速正常，CPU散热性能良好。

3 电脑CPU温度过高，可检查CPU风扇是否安装正确，检查CPU散热片是否牢固，与CPU的接触是否良好。

4 拆卸掉CPU风扇，取出CPU，观察CPU是否有烧焦、受挤压等痕迹，检查CPU针脚是否弯曲，做更换CPU或者矫正针脚的处理。

5 测试判断是否CPU损坏，如果是CPU本身的原因，更换CPU后，在CPU散热片上重新涂抹导热硅脂，重新安装好所有部件。

图12-6 CPU自身故障排除过程

2. 集成显卡的电脑出现花屏

如果电脑中使用的是集成显卡，在运行了一段时间或在运行大程序时(特别是大型游戏或软件)，常常会出现花屏、卡屏等现象。

一般情况下，电脑出现花屏、卡屏等故障，最大的原因就是显卡出现问题。同时，也有可能是CPU引发的集成显卡工作不稳定，其故障排除过程如图12-7所示。

学习目标 学会处理CPU引起的电脑花屏故障
难度指数 ★★

1 检查所运行的程序，确定不是因为软件漏洞引起的故障。可在其他电脑上运行该程序，测试是否会发生相同的卡屏、花屏等故障。

2 检查显示器、机箱内部各个数据线的连接是否正常、摇动各个数据接口，看是否有接口松动的现象。

3 打开机箱，清理机箱内部的灰尘，特别是CPU风扇，确保CPU风扇运转正常，如果风扇转速变低，则需要更换新的CPU风扇。

4 检查运行后的CPU温度，检测是否是因为散热引起的CPU温度过高。如果不是，则测试CPU是否存在质量或破损等问题。

5 更换了CPU后，如果电脑运转正常，没有出现花屏等现象，说明该故障是CPU温度过高引起集成显卡的性能不稳定造成的。

图12-7 集成显卡的电脑花屏故障排除过程

使用工具软件为CPU "降温"

电脑在运行过多或过大的程序时，会加快CPU的处理和运算速度，从而占用较大的COU资源，最终导致系统频繁死机、运行缓慢。出现这种情况的主要原因是CPU做大量处理时温度升高，所以应保证CPU的散热良好。

此时，可以使用一些能够降低CPU温度的工具软件，如 SoftCooler II、WaterFall Pro 等。这些工具可以在CPU温度超过所设置的上限时，自动执行CPU在空闲时发出的指令，让CPU暂时停止工作。

12.2 主板常见故障排除

小白：我的电脑在开机后，系统无法通过开机自检，也就无法正常启动，是我的电脑系统出现故障了吗？

阿智：这种情况最有可能的是主板出现了故障。通电之后无法通过自检导致电脑无法正常启动是主板最常见的故障现象，下面就来教你如何判断主板故障并进行处理。

主板是电脑的基础部件之一，犹如一个桥梁，担负着CPU、内存、硬盘、显卡等各种设备的连接，其性能直接关系到整台电脑的稳定运行。在日常生活中，我们遇到主板的故障并不少见，下面介绍一些常见的主板故障处理方法。

12.2.1 CMOS电池故障

CMOS是主板上的一块芯片，保存着电脑系统的硬件配置和参数设定。该块芯片主要是由主板上的电池供电。就算系统断电，CMOS芯片中的数据也不会丢失。

电脑中的时钟常常会恢复到默认的起始时间，这主要是CMOS电池供电不足引起的。电池的使用时间与电池的质量和跳线设置有关，如图12-8所示。

1 如果所设置的BIOS信息在重启电脑后就会恢复，电脑时间变慢，可更换新的CMOS电池。

2 如果电池的使用寿命不长，一般使用1个月就没电了，可检查CMOS的跳线设置(设置错误会消耗电能)，参照主板说明书进行正确的设置。

3 检查主板的CMOS电池插座、CMOS芯片或主板电路是否有短路或漏电等现象，如果主板有问题，应到专业的主板维修部门维修。

图12-8 处理CMOS电池使用时间不长的故障

学习目标 学会处理CMOS电池供电故障
难度指数 ★★★

12.2.2 主板故障诊断

电脑在开机的时候，会自动检测CPU、主板、基本内存、扩展内存、ROM BIOS等部件(称为开机自检)，可使用一些工具来判断出现故障的部件。

主板诊断卡是比较常用的主板故障诊断工具，可检测主板各个工作部件，排除因主板产生的故障，其使用方法如图12-9所示。

学习目标 学会使用主板诊断卡排除主板故障
难度指数 ★★★

小绝招

主板诊断卡的提示代码

主板诊断卡的错误代码很多，一般常见的如图 12-10 所示。

1
关闭电源，打开主机机箱盖，取出所有的扩展卡(显卡、硬盘、内存等)，将主板诊断卡插入PCI插槽中，然后打开电源。

2
观察诊断卡的二极管是否正常发光，如果二极管的各个指示灯都正常显示，对照查看诊断卡的代码指示是否有错，有错则检查错误并排除故障。

3
如果二极管指示灯和诊断卡代码均无错误显示，关闭电源，将显卡、内存等扩展卡插上，打开电源，再次进行检测。

4
如果有错误提示，则根据相应的提示，参照错误代码找到出现故障的部件，检查该部件并排除故障。

5
检测完毕后依然没有任何错误提示，但故障依然存在，可排除主板方面的原因引起该故障，该故障应该是软件或硬盘方面引起的故障。

图12-9　使用主板诊断卡排除主板故障的方法

C1、C3、D2
如果内存没有插上或者内存有故障，检测就会认为没有内存，诊断卡就会停留在C1指示灯处。

0D
如果错误指示显示0D，表示显卡没有插好或者显卡出现故障，并且诊断卡的蜂鸣器会发出嘟嘟声。

2B
如果错误指示显示2B，表示磁盘驱动器、软驱(一般没有)、硬盘控制器出现问题。

82
键盘控制器接口测试结束，即将写入命令字节和使循环缓冲器做初始准备，检测和安装固定RS232接口。

FF
对所有部件的检测都通过了。如果刚使用诊断卡就显示FF，说明主板的BIOS有故障(CPU故障或主板故障)。

图12-10　主板诊断卡常见的错误代码

12.2.3　主板损坏类故障

主板损坏类故障是指操作不正确导致的

电路短路、接口损毁或散热不正常，此类问题很难自己进行处理，一般需要送维修部门修理或更换新主板。

1. 电脑经常死机且热启动键失灵

学习目标　了解电脑死机且热启动键无效故障排除
难度指数　★★★

电脑经常出现死机故障，热启动组合键Ctrl+Alt+Del失灵，只能按Reset键冷启动。此时需考虑是否是主板中的高速缓冲存储器芯片损坏。当然，在这之前应先排除病毒入侵或其他部件产生的故障，如图12-11所示。

1
对电脑进行彻底地杀毒，判断是否因为病毒产生的死机、热启动键无效等故障。

2
确认不是软件引起的故障后，关闭电源，检测显卡、内存、CPU等部件，可使用交替法进行诊断。

3
如果不是显卡、内存等部件引起的死机故障，仔细观察主板上是否有线路断路、烧焦等痕迹，观察电容是否有损坏。

4
经过上述检测均没有发现任何问题，但故障依然存在，可能是内存不足引起的死机故障，使用内存检查工具进行检测。

5
如果检测出大量内存坏区，但内存本身没有问题，就可判断是主板上的cache芯片出现故障。

6
排除该故障一般是需要更换cache芯片(就是送往维修部门处理)。

图12-11　电脑经常死机且热启动键失灵故障排除

尽量别禁用cache芯片的功能

也许用户会通过禁用 cache 芯片的功能处理以上问题，但这会对系统性能造成很大的影响。如果 cache 芯片损坏，系统的整体性能就会下降，一般的处理方式是更换该芯片或者更换主板。

2. 电脑运行缓慢甚至死机

电脑能够正常启动并且开始可以正常使用，但一段时间后就会出现卡机、死机等情况。造成该故障的主要原因可能是某个硬件温度过高，可以从软件到硬件的顺序逐一进行判断，并排除故障，如图12-12所示。

1
对电脑进行彻底地杀毒，判断是否是因为病毒产生的死机故障，并查看系统软、硬件是否有冲突。

2
对系统进行清理，整理磁盘碎片，清理垃圾文件等无用信息，确保不是因为这类原因造成电脑死机。

3
安装硬件温度测试软件(如鲁大师)，对硬件的温度进行测试，查看主板、CPU、显卡等部件的温度是否正常。

4
如果CPU温度过高，则应打开机箱进行灰尘清理，查看CPU散热是否正常，排除CPU温度引起的死机故障。

5
如果主板的温度过高，可能是主板上的芯片组(南北桥芯片组)散热不正常引起的，用手触摸即可确定是哪一个芯片组。

6
清理机箱，打扫机箱中的灰尘，检查主机通风是否良好。如果芯片组温度依然很高，可更换芯片组上的散热片，或者为机箱安装风扇。

图12-12　电脑运行缓慢甚至死机的故障排除

硬件不兼容引起的电脑故障

在升级电脑硬件时，可能引起硬件不兼容故障，该故障会导致电脑无法正常启动，刚加入的硬件一定要找到匹配该硬件的驱动程序才能正常使用。如果仍无法解决不兼容的故障，可以考虑更换硬件或升级 BIOS 程序来达到该硬件设备的总体要求。

12.2.4　BIOS程序的故障

BIOS作为电脑最基础与底层的输入/输出系统，有着极其重要的作用，BIOS出现故障可能导致电脑无法正常使用。

1. 电脑加电后需按F1键才能启动

每次在按电脑的电源开关时，显示器屏幕都会显示Press F1 to Continue，Del to Enter Setup提示，需要按F1键才能正常启动。

出现该情况的主要原因是主板BIOS程序被重置或出现故障，如BIOS程序设置被恢复到出厂、主板电池没电等，其具体排除方法如图12-13所示。

学习目标　掌握开机提示的故障排除
难度指数　★★★

1

重新启动电脑，按Del键进入BIOS设置程序，如果之前更换了内存或CPU，则需查看内存和CPU的频率是否发生了变化。

2

按LOAD OPTIMIZOD DEFAMITS(默认最优化的设置)所对应的按键，或者按LOAD STAMDARD DEFAMITS对应的按键，恢复BIOS设置。

3

确认后按F10键保存并退出BIOS设置程序，启动电脑，如果屏幕上没有出现该故障提示，则故障排除，如果依然存在，则启动电脑查看系统时间。

4

如果系统时间不正确，可能是CMOS电池没电引起的故障，更换电池后，即可排除故障，正常启动电脑。

图12-13　开机提示按F1键故障处理

2. BIOS升级后经常死机或无法启动

在成功升级BIOS设置程序后，电脑却无法正常启动，就算可以正常启动并使用，也会在使用过程中经常出现死机。

出现该种情况的主要原因可能是所升级BIOS程序与电脑的硬件不匹配，或者BIOS程序在升级过程中出现了问题，但是用户在升级时没有发现，此时可以通过下列方法进行处理。

学习目标　学会处理BIOS升级后出现的故障
难度指数　★★★

对电脑查毒

如果电脑能够正常启动，只是使用时经常死机，应先对电脑进行彻底的杀毒操作，排除病毒造成的死机故障。

恢复BIOS备份

检查CPU、内存等是否出现故障，如果都没有问题，而又是升级BIOS程序后才出现的死机故障，则需要将BIOS程序恢复到备份的BIOS程序。

下载BIOS设置程序

如果备份的BIOS程序本身就不支持所使用的硬件设备，可在该主板的官网上下载最新的BIOS设置程序进行BIOS升级。

更换主板排除故障

如果是在升级BIOS程序时出现的无法正常启动故障，按开机键无任何反应，可能是因为升级BIOS造成的主板损坏，可更换新的主板排除该故障。

电脑在通电后自动启动

电脑接通电源之后，并没有对其进行任何操作，但电脑就自动启动操作系统。出现该种情况的原因可能是在BIOS设置程序中对电源管理进行操作时，设置了通电自动启动系统的操作。

硬盘常见故障排除

阿智：你这样运行电脑的同时，又在搬动电脑主机，很容易损坏电脑的。

小白：不会的，我很小心，不会让电脑主机掉在地上的。

阿智：我不是说主机会摔坏，而是主机在运行时高速读取硬盘，你这样搬动很容易将硬盘损坏，要移动主机也要等电脑完全关闭后再移动。

作为电脑中唯一的存储设备，硬盘出现故障的概率并不大。但由于硬盘中存有大量数据，一旦硬盘出现故障，如果处理不慎，则很可能造成相当严重的后果，所以用户需要掌握硬盘常见故障的排除方法。

12.3.1 硬盘故障

硬盘故障可分为硬盘软故障和硬盘硬故障两种。软故障一般是误操作、受病毒破坏等原因造成的，硬盘的盘片与盘体均没有任何的问题，仅需要一些工具和软件即可以修复；硬件故障处理就相对麻烦。硬盘常见的故障现象有如图12-14所示。

学习目标　掌握硬件故障的排除方法
难度指数　★★★

1 电脑启动时，屏幕上显示Primary master hard disk fail提示信息，说明硬盘没有启动，可能是安装了双硬盘而没有在BIOS程序中进行设置。

2 电脑启动时，屏幕上显示DISK BOOT FAILURE，INSERT SYSTEM DISK AND PRESS ENTER提示信息，系统引导失败，不能识别系统盘。

3 电脑启动时，屏幕上显示Error Loading Operating System提示信息，表示载入系统出错，可能是系统损坏或硬盘故障造成的数据丢失。

4 电脑启动时，屏幕上显示Invalid partition table提示信息，表明硬盘没有启动，可能是硬盘主引导记录中的分区表有错误。

5 电脑启动时，屏幕上显示Missing operating system提示信息，表明硬盘引导错误，可能是系统文件Io.sys和Msdos.sys遭到破坏。

6 电脑启动时，屏幕上显示Hard disk drive failure提示信息，表明硬盘驱动器或硬盘控制器出现故障（硬盘有坏道）。

7 当硬盘在写入文件后，使用该文件，发现文件损坏，无法正常使用等情况，这说明硬盘可能存在坏道。

8 读取硬盘中的数据时，经常到某一位置出现死机、停止不前，一段时间后出现报错以及黑屏、蓝屏等情况，都是硬盘故障的表现。

图12-14　硬盘常见的故障排除

12.3.2　引导区故障

电脑无法正常启动，屏幕上会出现Error、Missing等提示信息，出现该故障的主要原因可能是硬盘损坏或者引导区损坏。开机自检后，用户可以根据电脑所给出的错误提示进行相应检测，其错误信息与检测方法如下。

学习目标　掌握引导区故障的排除方法
难度指数　★★

显示Invalid Partition Table信息

如果是硬盘主引导记录中的分区表出现错误，屏幕显示Invalid Partition Table信息，可使用Disk Genius工具恢复分区表。

找不到当前分区或驱动器

如果是找不到当前分区或驱动器，可能是分区表中没有相应的分区或驱动器，或者是分区表被损坏，也可使用Disk Genius工具恢复分区表。

显示硬盘格式化错误信息

如果硬盘的类型设置参数和格式化硬盘时设置参数不同，屏幕上会显示"C:Drive Failure…，Press…"提示信息，可格式化硬盘后重装系统排除故障。

显示Device Error信息

如果硬盘不能正常启动，且屏幕显示Device Error提示信息，然后显示了"…Disk Error"错误提示，说明硬盘设置参数已丢失，可能就是主板中的电池没电了。

显示Error…System信息

如果磁道中的扇区有错误或出现损坏，屏幕显示类似"Error…System"或"Missing…System"等信息，应使用磁盘坏道修复工具修复坏道或扇区。

12.3.3　用PTDD分区表医生修复MBR

MBR是硬盘的主引导记录，如果失去该记录，硬盘就失去了引导功能，电脑系统就无法正常启动。此时，可以使用PTDD分区表医生工具修复硬盘的MBR，具体操作如下。

学习目标　学会使用工具修复硬盘中的MBR
难度指数　★★★

步骤01　进入Windows PE系统中(或启动盘系统中)，并运行PTDD分区表医生，在主界面中单击"重建"按钮，如图12-15所示。

图12-15　重建分区表

步骤02　❶在打开的对话框中选中"交换"单选按钮，❷单击"下一步"按钮，如图12-16所示。

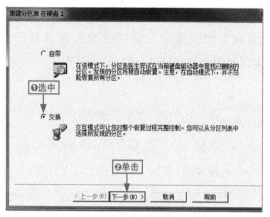

图12-16 选中"交换"模式

步骤03 在打开的对话框中可看到程序自动搜索当前硬盘的历史分区，如图12-17所示。

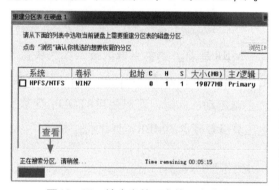

图12-17 搜索当前硬盘的历史分区

步骤04 搜索完成后，①选中搜索到的磁盘分区前的复选框，②单击"下一步"按钮，如图12-18所示。

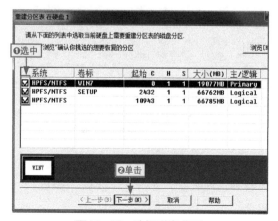

图12-18 选择磁盘分区

步骤05 此时开始创建分区表，成功创建后单击"完成"按钮，如图12-19所示。

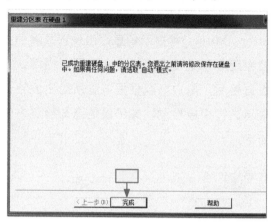

图12-19 完成分区表的创建

步骤06 返回PTDD分区表医生主界面，单击"保存"按钮，并确认修改，程序自动修复MBR到搜索到的记录，如图12-20所示。

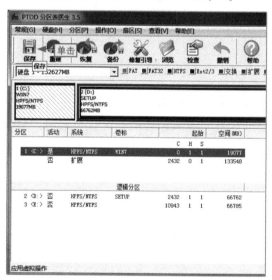

图12-20 保存创建的分区表

MBR故障排除技巧

如果MBR出现故障，系统将无法启动。此时只能用启动盘运行Windows PE系统，一般的Windows PE系统都自带了该工具。

12.3.4 用Disk Genius检测并修复硬盘坏道

硬盘使用久了就可能出现各种各样的问题，而硬盘坏道就是其中最常见的问题。硬盘出现坏道，除了硬盘本身质量及老化的原因外，和平时的使用习惯也有关，如内存太小以至于应用软件对硬盘频繁访问、对硬盘过分频繁地整理碎片、不适当的超频、防尘不良等。

出现硬盘坏道同样可以使用工具来处理，下面就通过使用Disk Genius检测并修复硬盘坏道，来讲解相关操作。

学习目标　学会用工具检测并修复硬盘坏道
难度指数　★★★

步骤01 运行Disk Genius(如果系统不能正常启动，则可以使用Windows PE系统或U盘启动系统运行)，❶单击"硬盘"菜单项，❷选择"坏道检测与修复"命令，如图12-21所示。

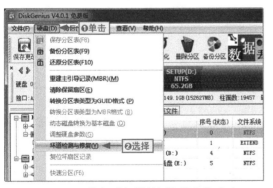

图12-21　执行"坏道检测与修复"命令

小绝招　　Disk Genius工具的作用

使用Disk Genius工具，不仅可以检测和修复硬盘坏道，还能为硬盘分区、备份、还原硬盘分区表等。

步骤02 ❶在打开的对话框中单击"选择硬盘"按钮，❷在打开的对话框中选择需要检测坏道的硬盘，❸单击"确定"按钮，如图12-22所示。

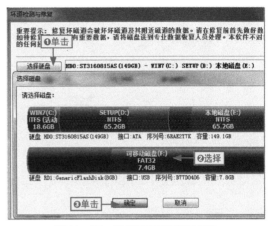

图12-22　选择需要检测的磁盘

步骤03 返回"坏道检测与修复"对话框，单击"坏道检测"按钮，开始检测该硬盘是否存在坏道，如图12-23所示。

图12-23　开始检测该硬盘

小绝招　　Disk Genius工具的检测时间

检测硬盘坏道所需的时间较长，可设置一定的柱面范围进行检测，使用"标准检测"比"读取检测"速度要快一些。

📄 **步骤04** 如果检测到坏道，或者要尝试修复读写速度慢的好磁道(选择修复读写速度慢的好磁道并设置时间)，单击"尝试修复"按钮开始修复坏道，如图12-24所示。

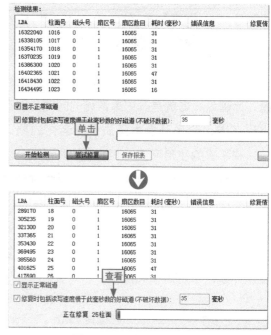

图12-24 修复硬盘坏道

 **其他硬件常见故障排除**

小白： 我的电脑开机时，一直发出"嘀嘀"的声响，但是显示器却不显示，根据你前面介绍的故障排除方法，发现都不能解决该问题。

阿智： 这主要是内存故障引起的问题，可能是内存接触不良，也可能是内存损坏了，要通过测试才知道。现在就来介绍一下其他硬件常见的故障排除方法。

除了前面介绍的几种重要电脑部件外，电脑的组成部件还有很多，它们都可能出现故障，从而影响电脑的整体使用，如内存、显卡等。下面就来看看如何排除这些部件的故障。

12.4.1　内存故障

内存用于暂时存放电脑系统的运算数据以及与硬盘等外部存储器交换的数据。如果内存出现故障，则可能导致正在读写的数据丢失、电脑无法开机等情况。

1. 电脑开机长鸣且无法启动

电脑在通电并按电源开关后，无法正常启动，而且还会发出"嘀嘀嘀"的提示声音，显示器也没有任何信号。

根据提示音可以判断该故障是内存检测没有通过，此时需要手动对内存进行检测，具体操作方法如图12-25所示。

 学习目标 掌握内存引起无法开机的故障排除
难度指数 ★★★

关闭电源，打开机箱，清理机箱内的灰尘，观察内存是否安装正确。有问题的重新安装好内存条，然后开机检测；如果没有问题，则取下内存条。

用橡皮擦擦拭内存条的金手指，清除内存条金手指上的氧化层，并用吹气球清理内存条的插槽。

清理完后，重新安装内存并开机检测，如果故障依然没有排除，可能是内存条的插槽出现故障。

将内存条插到另外的插槽上并开机检测，如果通过自检并成功进入系统，则该故障排除。

图12-25 电脑开机长鸣且无法启动的故障排除

2. 电脑运行时自动打开错误提示

在电脑运行过程中，或者运行某些程序时，系统会自动打开一些错误提示，如内存不能read或written等，如图12-26所示。

图12-26 应用程序错误提示信息

根据提示信息可以知道，该故障是由于内存方面的原因引起的，所以用户可以通过先软后硬的原则排除该故障，如图12-27所示。

 学习目标 学会排除电脑运行时自动打开错误提示的故障
难度指数 ★★★

1 用最新版本的杀毒软件检查电脑中是否存在木马病毒的程序(这类程序会篡改系统文件，导致系统故障)，不要执行来历不明的文件。

2 如果未发现任何可疑文件，更换正版的应用程序再次运行，检测是否会出现该故障，或者将该程序复制到其他电脑上运行。

3 如果在其他电脑上可以正常运行该程序，说明是本地电脑出现的故障，打开机箱，清理灰尘并检测内存是否有故障，可更换内存条进行测试。

4 如果更换内存条后，故障依然存在，但操作系统运行正常，说明是系统漏洞引起的，重装正版系统后，即可排除该故障。

图12-27 电脑运行时自动打开错误提示的故障排除

12.4.2 显卡故障

显卡能将系统所需的显示信息进行转换，并向显示器发送信号源，控制显示器的正确显示。显卡出现故障将影响正常的显示。

1. 运行大型软件提示显存不足

一般情况下，电脑可以正常使用，但是只要运行大型软件或游戏，系统就会提示显存不足。此种故障就是由显卡的显存太小引起，可直接对硬件设备进行检查，具体解决方法如图12-28所示。

 **学习目标** 学会排除运行软件时显存不足的故障
难度指数 ★★★

1	如果使用的是独立显卡，出现该故障时，要能够运行大型游戏，只能更换显存更大的显卡。
2	如果使用的是集成显卡(集成显卡的游戏性能不是很高)，可开机检查现在的显存大小，比如为256MB，和所要求显存有一定的差距。
3	集成显卡的显存是由内存提供的，可通过设置进行合理的增加。但不能超过内存大小，应与内存合理分配，显存太低还可能引起死机故障。
4	进入BIOS设置程序，找到显卡设置的选项，将显存适当地设置高一些(如512MB)，再次运行该游戏，能够运行则说明故障排除。

图12-28 排除运行软件时显存不足的故障

2. 电脑运行大型程序时出现花屏

如果电脑在运行大程序时，出现死机、花屏、卡屏、无法调整分辨率、显示质量差等故障，最有可能是显卡驱动程序出现故障，一般排除该类故障的方法如下。

学习目标　学会排除运行大型程序时出现花屏的故障
难度指数　★★★

打开设备管理器查看显卡驱动

出现显卡类故障，应先打开设备管理器，查看显卡驱动是否正常。正常的显卡驱动如图12-29所示，不正常则会出现感叹号或者问号。

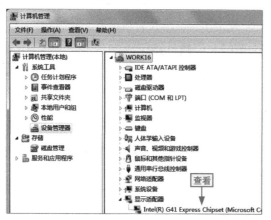
图12-29 打开设备管理器查看显卡驱动是否正常

卸载显卡驱动

如果该设备有问题(出现感叹号或问号)，说明显卡驱动不正确或者程序版本过低。❶此时在显卡驱动上右击，❷选择"卸载"命令，将现有的驱动删除，如图12-30所示。

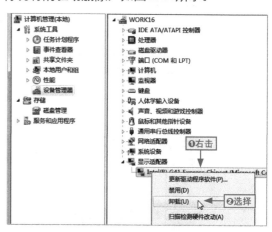
图12-30 卸载显卡驱动

下载并安装显卡驱动

使用驱动精灵或其他工具重新下载并安装驱动程序，驱动程序应该选择最合适的版本，而不是最新的版本，以保证显卡能够获得最好性能。

显卡故障处理技巧

显卡与内存一样，可能出现接触不良、金手指被氧化等故障，其故障排除方法与内存相同。

对于独立显卡，工作的时候会散发大量的热量，可能引起死机、蓝屏等故障。排除该类故障应注意显卡散热问题，就像CPU一样，显卡也有显卡风扇。

显卡是直接与显示器相连接的设备，当显示器无信号或者显示的画面质量差，还可能是连接显卡与显示器的数据线和接口引起的。

在BIOS程序中设置显卡兼容性

如果故障依然存在，可能是显卡兼容性的问题。进入BIOS程序中设置后，选择相匹配的硬件使用(更换显卡或者其他冲突的设备)。

12.4.3　鼠标、键盘及光驱的常见故障

电脑在使用时，还会涉及鼠标、键盘、光驱等硬件设备，这些设备也容易出现故障，但不会给系统运行造成太大危害。

1. 启动系统后鼠标无效

在更换鼠标之后启动电脑，系统可以正常启动并运行，但鼠标无法正常使用。出现该情况可能是鼠标或者鼠标驱动有问题，也可能是刚连接的鼠标还没有加载驱动。此时可以通过以下方法来解决，如图12-31所示。

1 检查鼠标连接是否正确，如果鼠标采用的是串行接口，拔下接口，查看针脚是否弯曲，接口是否松动。

2 如果使用的是USB接口类型的鼠标，进入BIOS设置程序，查看USB接口是否被禁用。

3 重新启动电脑，让电脑加载鼠标驱动，以识别鼠标。如果还是不能用，则对电脑进行一次彻底杀毒和清理。

4 将鼠标安装到其他电脑上，检测是否能正常使用。如果不能使用，说明鼠标有问题，更换新鼠标即可。一般鼠标无法识别，重新启动电脑加载鼠标驱动即可。

图12-31　排除更换鼠标后系统不能识别的故障

 学习目标 学会排除更换鼠标后系统识别不到的故障
难度指数 ★★★

2. 按一个键出现多个相同字母

在使用键盘输入文字时，按某一个键会同时出现多个相同的字母。

此种情况很大可能是因为键盘中的电路板被侵蚀，或者不小心将其他杂质漏入键盘中造成的短路现象。同时，也不排除电脑被病毒入侵造成键盘故障。出现上述情况的处理方法如图12-32所示。

学习目标 学会排除键盘不能正常使用的故障
难度指数 ★★★

1 对电脑进行一次彻底的杀毒和清理，防止木马病毒等恶意程序控制键盘的输入。

2 如果故障依然存在，可拆开键盘，清理键盘的电路板，查看是否有杂质或者被侵蚀的黑斑，有杂质则用无水酒精擦拭干净。

3 如果清理杂质后仍然不能正常输入，可能是该杂质或出现的侵蚀痕迹已经造成电路板损坏，可以更换新的键盘。

图12-32　处理键盘故障的方法

3. 启动电脑不能使用光驱

主机上安装了光驱，启动电脑后，无法打开光驱，且在"计算机"窗口中也查看不到光驱的图标。

此种故障可能是光驱驱动程序丢失或损坏，同时光驱接口接触不良、光驱数据线损坏、光驱跳线错误等原因也可能引起该种故障，通过以下的方法可以处理此种故障。

学习目标 学会排除光驱异常的故障

难度指数 ★★★

对电脑查毒

对电脑进行一次彻底的杀毒和清理，防止木马病毒等恶意程序将电脑上的光驱图标隐藏或者删除。

确定光驱开舱门是否正常

检查光驱的各个数据线和电源线，如果没有问题，按光驱上的开仓键，如果可以打开舱门，说明光驱连接到了电源。

在BIOS程序中设置光驱参数

重新启动电脑，进入BIOS设置程序，查看其中是否有关于光驱的参数。如果有相关参数，则说明光驱连接正常。

确定是否需要更换新光驱

如果BIOS中没有关于光驱的参数，表示光驱数据线接触不良或者光驱损坏，应检测数据连接线或者尝试更换新光驱。

进入安全模式中查看光驱

在安全模式下启动电脑，查看有没有光驱。如果有，说明该故障是由于非法关机、断电等引起的光驱驱动丢失，安全模式启动后即可修复驱动。

还原注册表或重装系统修复光驱

如果故障依然存在，可能是注册表被损坏，可还原备份的注册表或者重装系统来排除该故障。

小绝招

防止设备因冲突产生的故障

电脑是由多个部件组成，不管是每种部件本身，还是部件的驱动程序，都有可能产生冲突，如图12-33所示为常见的处理技巧。

1. 当PCI网卡与显卡发生冲突时，可以在CMOS中将IRQ 10设置为Disable。
2. 删除设备驱动程序，将外围设备重新拔插后，让系统重新检测。应注意设备的安全顺序。
3. 屏蔽掉暂时不需要使用的设备。在设备冲突发生后，只要系统不瘫痪，就可以通过检查系统资源状况，分析出冲突原因，然后关闭冲突设备。
4. 尽量使用兼容性较好的电脑硬件。

图12-33 防止设备因冲突产生故障的技巧

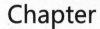

Chapter

13

常见网络故障排除

学习目标

　　用户使用电脑获取各种信息资源和进行信息交流都离不开网络，一旦网络出现故障，用户通过网络进行的一切操作将被中断，会对正常的工作与生活产生影响。本章主要介绍网络中的常见故障与排除方法，以保证用户可以正常上网。

本章要点

- 不能看到局域网中其他用户
- 无法访问局域网中的电脑
- 无法关闭密码共享
- 无法共享整个分区
- 不能使用路由器上网

- 新设备无法连接到无线网络
- 网络连接不正常
- ADSL拨号异常
- 网页中无法显示图片
- IE浏览器窗口自动无法最大化

……　　　　　　　　　　　　　　……

知识要点	学习时间	学习难度
网络共享常见故障	50分钟	★★★
网络设置常见故障	60分钟	★★★★
IE浏览器常见故障	60分钟	★★★★

网络共享常见故障

阿智： 我将一些电脑组装的相关资料放到共享文件了，你复制过去看看。

小白： 我为什么访问不到你的电脑呢？我们都在同一个局域网中呀。

阿智： 如果你的网络正常的话，那就可能是网络配置的问题，因为小李可以访问我的电脑啊。我还是先给你介绍一些网络共享故障的处理方法，等你将故障处理好了再复制文件吧。

文件共享是分享数据与资源的主要方式。不管是在生活还是工作中，网络共享出现故障的情况有很多，且排除起来并不容易。下面介绍一些常见的故障及其排除方法。

13.1.1 不能看到局域网中其他用户

局域网用户在打开"网络"窗口时，只能查看到自己的电脑名称，却无法看到局域网中其他的用户。一般都是用户自己的电脑配置有问题，应先测试网络连接是否正常，排除网络连接引起的故障，具体操作如下。

学习目标	学会处理电脑网络配置问题
难度指数	★★

使用ping命令测试与目标主机的连接

打开命令提示符窗口，用ping命令测试与目标主机的网络连接是否正常，如输入ping 192.168.0.14命令测试本地电脑与192.168.0.14的连接，如图13-1所示。

图13-1　测试与目标主机网络连接是否正常

检查IP地址段

检查两台电脑的IP地址是否在同一个网段上，如图13-2所示的网段是192.168.1.*的IP地址段。

小绝招　无法连接到目标主机的处理办法

如果网络连接不正常，需要检查"网络"图标的状态，网线的两端是否正常连接；如果使用了路由器，要检查路由器上连接该电脑的指示灯是否常亮。

小绝招　局域网中的电脑要在同一网段上

同一网段就是两台电脑的IP地址前3个字节一样，如IP地址192.168.0.14和192.168.0.16就在同一个网段上。

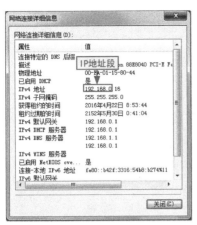

图13-2 查看IP地址段

检查IP地址段

在"本地连接 属性"对话框中查看是否安装了"Microsoft网络客户端",如图13-3所示。

图13-3 安装Microsoft网络客户端

启动Computer Browser服务

查看"服务"窗口中是否启动了Computer Browser(该服务维护网络中电脑的最新列表)服务。如果没有启动,在该服务上右击,选择"启动"命令,如图13-4所示。

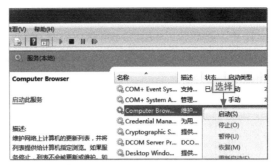

图13-4 启动Computer Browser服务

13.1.2 无法访问局域网中的电脑

局域网中某一用户可以访问其他电脑,但其他电脑不能访问该用户的电脑,且系统会打开类似"Windows无法访问"的故障提示对话框。出现这种故障分几种情况,其具体介绍如下。

1. 工作组不同

该用户可以访问其他电脑,说明网络连接正常,此时可以先关闭该用户电脑上的防火墙。如果故障依然存在,则可能是该电脑的工作组与其他电脑的工作组不一致造成的,具体解决方法如下。

学习目标 学会修改工作组名称
难度指数 ★★★

步骤01 ❶在桌面上的"计算机"图标上右击,❷选择"属性"命令,如图13-5所示。

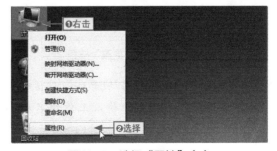

图13-5 选择"属性"命令

步骤02 在打开的"系统"窗口中单击"更改设置"超链接，如图13-6所示。

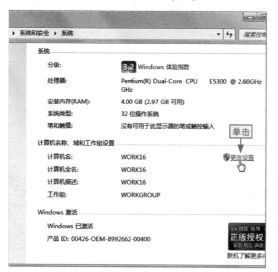

图13-6 单击"更改设置"超链接

步骤03 打开"系统属性"对话框，在"计算机名"选项卡中单击"更改"按钮，如图13-7所示。

图13-7 单击"更改"按钮

步骤04 打开"计算机名/域更改"对话框，❶在"工作组"文本框中输入工作组名称，❷依次单击"确定"按钮，如图13-8所示。

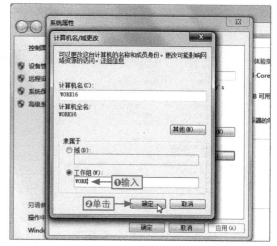

图13-8 修改工作组名称

2.禁用Guest账户

想要让局域网中的其他用户可以正常访问到自己的电脑，首先需要开通自己电脑中的Guest账户。如果该账户被禁用，就可能出现无法访问局域网中电脑的故障。启用Guest账户的具体操作如下。

学习目标	学会启用Guest账户
难度指数	★★★

步骤01 ❶在桌面的"计算机"图标上右击，❷选择"管理"命令，如图13-9所示。

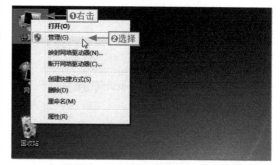

图13-9 选择"管理"命令

步骤02 打开"计算机管理"窗口，❶在窗口中展开"系统工具"→"本地用户和组"→"用户"目录，❷在Guest选项上右击，❸选择"属性"命令，如图13-10所示。

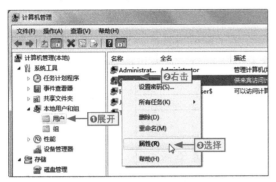

图13-10 选择"属性"命令

步骤03 ❶在打开的对话框中取消选中"账户已禁用"复选框，❷单击"确定"按钮确认设置，如图13-11所示。

图13-11 启用Guest账户

3. 组策略限制

在本地组策略编辑器中，如果对网络访问进行了限制，同样可以导致其他用户不能访问该电脑所共享的资源。此时，可以在组策略编辑器中进行修改，具体操作如下。

学习目标 学会修改组策略
难度指数 ★★★

步骤01 ❶单击"开始"按钮，❷选择"所有程序"→"附件"→"运行"命令，如

图13-12所示。

图13-12 选择"运行"命令

步骤02 ❶在打开的对话框中输入gpedit.msc，❷单击"确定"按钮，如图13-13所示。

图13-13 运行本地组策略编辑器命令

步骤03 在打开的对话框中展开"Windows设置"→"安全设置"→"本地策略"→"用户权限分配"目录，如图13-14所示。

图13-14 展开目录

步骤04 在右侧列表中双击"拒绝从网络访问这台计算机"选项，如图13-15所示。

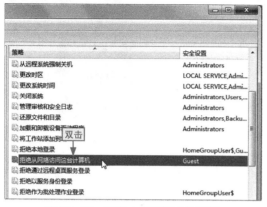

图13-15 设置本地组策略的属性

步骤05 ❶在打开的对话框中选择Guest选项，❷单击"删除"按钮，然后确认设置即可，如图13-16所示。

图13-16 启用来宾账户访问当前电脑

13.1.3 无法关闭密码共享

在局域网中共享文件夹时，在高级共享设置中选中了"关闭密码共享"单选按钮，再次打开后又回到了"启用密码共享"状态，导致局域网中其他用户访问共享资源时

要求输入密码。

此故障通常是由于系统内置的Guest账户被设置了密码导致的，取消Guest账户的密码保护状态即可，具体操作方法如下。

学习目标 学会删除内置的Guest账户密码
难度指数 ★★★

步骤01 ❶在桌面上的"计算机"图标上右击，❷选择"管理"命令，如图13-17所示。

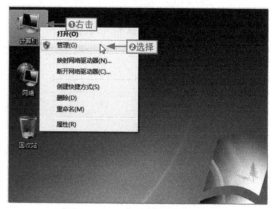

图13-17 选择"管理"命令

步骤02 打开"计算机管理"窗口，❶在打开的窗口左侧展开"系统工具"→"本地用户和组"→"用户"目录，❷在右侧的Guest选项上右击，❸选择"设置密码"命令，如图13-18所示。

图13-18 准备更改Guest账户的密码

步骤03 在打开的提示对话框中单击"继续"按钮，如图13-19所示。

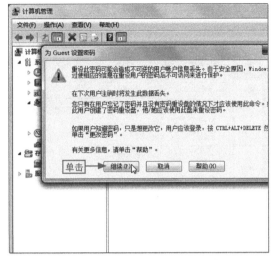

图13-19 继续为来宾账户设置密码

步骤04 在打开的对话框中不输入任何内容，❶直接单击"确定"按钮，❷在打开的对话框中单击"确定"按钮清除Guest账户的密码，如图13-20所示。

图13-20 清除Guest账户的密码

通过命令提示符窗口清除账户密码

通过命令提示符不仅可以创建不含密码的账户，还可以更改或删除现有账户的密码。例如，要通过命令提示符清除 Guest 账户密码，可以管理员身份打开命令提示符窗口，输入 net user guest * 命令并按 Enter 键，会要求输入用户的密码，直接按两次 Enter 键即可清除账户密码，如图 13-21 所示。

图13-21 通过命令提示符窗口清除账户密码

13.1.4 无法共享整个分区

在Windows 7中想要共享整个分区，却发现工具栏和快捷菜单中都没有共享的选项，此时可以通过分区的属性对话框来共享，具体操作方法如下。

学习目标　学会设置分区属性完成分享
难度指数　★★★

步骤01 ❶打开资源管理器，❶选择要共享的磁盘分区，❷在工具栏中单击"属性"按钮，如图13-22所示。

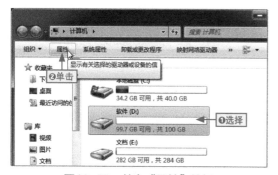

图13-22　单击"属性"按钮

步骤02 ❶在打开的对话框中切换到"共享"选项卡，❷单击"高级共享"按钮，如图13-23所示。

图13-23　单击"高级共享"按钮

步骤03 ❶在打开的对话框中选中"共享此文件夹"复选框，❷在"共享名"文本框中输入共享的名称，❸单击"权限"按钮，如图13-24所示。

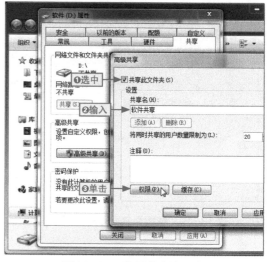

图13-24　设置共享资源名

步骤04 ❶在打开的权限对话框中选择Everyone用户，❷在下方的列表框中设置用户的权限，❸依次单击"确定"按钮关闭所有对话框即可，如图13-25所示。

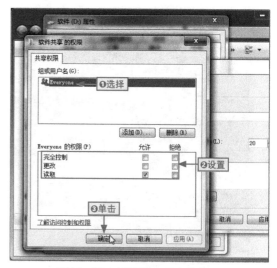

图13-25　设置共享用户的权限

13.2 网络设置常见故障

小白： 为什么我新组装的电脑无法连接到无线路由器呢？其他设备都可以正常连接使用，而且电脑的显卡和显卡驱动都没问题。

阿智： 这可能是无线路由器中网络的设置问题，下面我就介绍一些常见的网络设置故障。

　　大部分网络故障都与网络设置有关，如连接路由器无法上网、新设备无法连接路由器及网络连接不正常等，下面就来介绍一下这些故障的具体排除方法。

13.2.1　不能使用路由器上网

　　安装宽带后，通过宽带连接拨号上网。添加路由器后，在路由器里面保存了宽带账号的密码，但始终无法获取到正确的IP地址，局域网中所有电脑都无法上网。

　　这种情况大多是由于ISP服务器限制了设备的MAC地址导致的，可通过路由器的克隆MAC地址来解决，具体操作方法如下。

学习目标	学会将当前电脑网卡的MAC地址克隆给路由器
难度指数	★★★

步骤01 ❶在浏览器地址栏中输入路由器的IP地址，并按Enter键，❷在打开的对话框中输入路由器管理员账户和密码，❸单击"确定"按钮登录路由器，如图13-26所示。

登录路由器使用的电脑

　　在这里登录路由器所使用的电脑必须是通过宽带连接能成功拨号上网的电脑，且连接到路由器所使用的网卡也必须是通过宽带连接拨号时使用的网卡。

图13-26　登录路由器

步骤02 在左侧窗格中依次单击"网络参数"→"MAC地址克隆"超链接，如图13-27所示。

图13-27　MAC地址克隆

步骤03 ❶单击"克隆MAC地址"按钮，将当前管理电脑的MAC地址复制给路由器，❷单击"保存"按钮，如图13-28所示，重启路由器后即可生效。

图13-28　克隆MAC地址

13.2.2　新设备无法连接到无线网络

家里安装了无线路由器，原来的手机和平板都可以正常连接上网，但新买的手机却怎么也无法连接到路由器。

此故障可能是由于新设备与路由器的兼容性问题所致，也可能是路由器开启了MAC地址过滤功能，限制了新设备的连接，可通过以下方法尝试解决。

学习目标 学会将新的设备添加到无线网络允许列表中
难度指数 ★★★

步骤01 登录路由器管理界面，在左侧窗格中依次单击"安全设置"→"防火墙设置"超链接，查看防火墙设置状态，如图13-29所示。

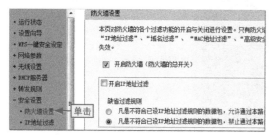

图13-29　查看防火墙设置状态

步骤02 如果要关闭MAC地址过滤功能，允许所有设备连接路由器，❶取消选中"开启MAC地址过滤"复选框，❷单击"保存"按钮，如图13-30所示。

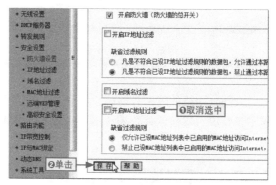

图13-30　关闭MAC地址过滤功能

步骤03 如果要限制未知设备连接路由器，但现有设备允许连接，❶可在左侧单击"MAC地址过滤"超链接，❷在右侧窗格中单击"添加新条目"按钮，如图13-31所示。

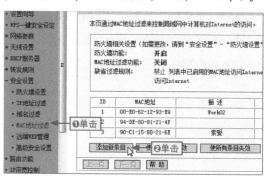

图13-31　准备添加新的允许设备

谨慎开启MAC地址过滤

在开启MAC地址过滤之前，必须要仔细检查当前管理设备的MAC地址是否在列表中。

如果规则允许列表中的设备访问网络，则必须将当前设备的MAC地址添加到列表中；如果规则禁止列表中的设备访问网络，则必须将当前设备的MAC地址从列表中删除，否则规则生效后，当前管理的设备也无法访问路由器。

步骤04 ❶在"MAC 地址"文本框中输入要添加设备的MAC地址，在"描述"文本框中输入设备的简单描述，❷单击"保存"按钮添加新的设备，如图13-32所示。

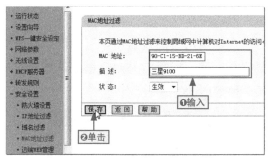

图13-32 添加新设备的MAC地址

步骤05 ❶单击"防火墙设置"超链接，❷在右侧选中"开启MAC地址过滤"复选框和"仅允许已设MAC地址列表中已启用的MAC地址访问Internet"单选按钮，❸单击"保存"按钮，如图13-33所示。

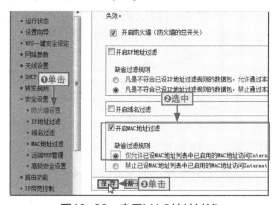

图13-33 启用MAC地址过滤

13.2.3 网络连接不正常

在使用电脑上网的过程中，经常遇到网络不能正常连接的情况，如网络无法连接、IP地址冲突等。

1. 网络线缆被拔出

电脑上网时，无法正常连接到网络，

在"网络连接"窗口中，发现网络线缆被拔出，如图13-34所示。

图13-34 查看网络线缆的连接情况

从图13-34中可以看到"本地连接"，说明网卡驱动正常，可能是网络设备中的线路不通造成的，如设备没有正常安装或线路中断等，此时就可以通过如图13-35所示的方法进行故障排除。

学习目标 了解电脑网线被拔出故障排除
难度指数 ★★★

1 检查主机上插入网卡的网线接口是否插好，有没有松动的现象。将网线插到其他的电脑上，检测是否能正常上网。

2 如果不能上网，则网线不通，检查网络连接的线缆是否正常，可使用测线仪进行测试，查看调制解调器是否损坏等。

3 如果在局域网中，可将该网线接入其他能正常上网的电脑，查看路由器上该网线对应的指示灯是否常亮，常亮说明网线没有问题。

4 如果该网线接到其他电脑能够正常上网，可能是网卡出现故障，更换网卡后，即可正常上网。

图13-35 网络线缆被拔出故障的处理方法

2. IP地址冲突

启动电脑后，系统会自动打开对话框提示IP地址有冲突，任务栏中的网络连接上感叹号，如图13-36所示。

图13-36　IP地址有冲突

IP地址有冲突，可能是在局域网中有两台电脑所配置的IP地址相同造成的，也可能是路由器的分配出现故障，其故障排除方法如图13-37所示。

学习目标 了解电脑IP地址冲突故障排除
难度指数 ★★★

1 如果是局域网用户，采用的是自动分配IP地址，可重启电脑，让路由器重新分配IP地址；非局域网用户也可使用该方法，让上级路由重新分配地址。

2 如果局域网中的用户都没有采用自动分配IP地址，而是手动配置了唯一的IP地址，可能是配置过程中与其他电脑的IP地址重复了。

3 可以将该电脑的IP地址设置为自动获取，每次启动电脑，让路由器直接分配没有被占用的IP地址。

4 如果不是因为IP地址有冲突造成的故障，而是网络无连接或者网络不稳定，需要检查网络连接设备是否正常，或者打电话给提供网络的公司咨询。

图13-37　电脑IP地址冲突故障排除的方法

IP地址冲突注意事项

并不只是IP地址有冲突时才出现感叹号，在网络断开或者网络不稳定时，也会出现该情况。

13.2.4　ADSL拨号异常

ADSL拨号连接是通过线路分配的网络信号，与电话共用一根线，是企业和家庭用户常用的联网方式。

在连接网络的过程中，可能遇到联网需要很长时间，然后打开对话框提示连接时出错，如图13-38所示。

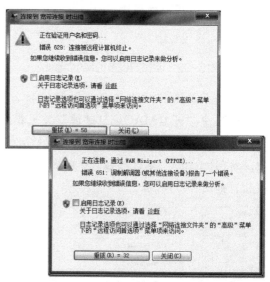

图13-38　宽带连接常见的错误提示方法

如果ADSL拨号不成功，则会出现相应的错误提示，每个错误都有一个错误代码，常见的错误代码和解决方法如表13-1所示。

学习目标 学会解决ADSL拨号常见的故障
难度指数 ★★★

调制解调器故障说明

使用ADSL拨号方式连接网络的用户，还需要配备调制解调器（Modem），将数字信号和模拟信号进行转换，变成电脑能够识别的传入信号和电话线能够传输的信号。调制解调器出现故障，也可能导致无法正常进行拨号连接。

表13-1 常见的错误代码和解决方法

续表

错误代码	代码含义及解决方法
错误602	拨号网络由于设备安装错误或正在使用，不能进行连接。可能是PPPoE没有完全和正确的安装，卸载干净所有PPPoE软件，重新安装PPPoE可排除该故障
错误605	拨号网络不能连接所需的设备端口。也是PPPoE的安装存在问题，卸载干净所有PPPoE软件，重新安装PPPoE可排除该故障
错误606	拨号网络不能连接所需的设备端口。可能是PPPoE没有完全和正确的安装，或者连接线和Modem存在故障，卸载干净所有PPPoE软件，重新安装PPPoE并检查连接线和Modem
错误608	拨号网络连接的设备不存在。该故障是PPPoE的安装存在问题，卸载干净所有PPPoE软件，重新安装PPPoE即可
错误611	拨号网络连接路由器不正确。可能是PPPoE没有完全和正确安装或者ISP服务器出现故障，应卸载干净所有PPPoE软件，重新安装PPPoE，咨询ISP供应商是否出现故障
错误617	拨号网络连接的设备已经断开。可能是PPPoE、ISP服务器、连接线或Modem出现故障，应完全卸载并重新安装PPPoE，检查连接线和Modem，并咨询ISP供应商
错误619	与ISP服务器不能建立连接。可能是ISP服务器或ADSL电话线出现故障，可检查ADSL信号灯是否正常，电话咨询ISP供应商是否ISP服务器出现故障
错误630	Modem没有响应。可能是ADSL电话线或Modem出现故障(如电源没打开)，应检查这些ADSL设备
错误633	拨号网络由于设备安装错误或正在使用，不能进行连接。可能是PPPoE没有完全和正确的安装，卸载干净所有PPPoE软件，重新安装PPPoE可排除该故障
错误638	过了很长时间，ADSL拨号无法连接到ISP所接入的服务器。可能PPPoE所创建的拨号连接中错误地输入了一个电话号码或者ISP服务器出现故障，应检查号码或咨询ISP供应商
错误645	网卡没有正确响应。可能是网卡出现故障，或者网卡驱动程序被破坏，应检查网卡，重新安装网卡驱动程序
错误650	远程计算机没有响应，断开连接。可能是ISP服务器或网卡出现故障以及非正常关机造成网络协议出错，应检查ADSL信号灯是否正常，检查网卡，删除所有网络组件重新安装网络
错误651	Modem报告发生错误。Windows处于安全模式下，或网络连接不正确，应检查拨号环境、组建网络的各个设备，检查网络是否通过Modem，中间是否连入其他设备
错误691	输入的用户名和密码不对，无法建立连接。可能输入的用户名和密码错误或者ISP服务器出现故障，应检查用户名和密码并使用正确的ISP账号格式
错误720	拨号网络无法协调网络中服务器的协议设置。可能是ISP服务器出现故障或者非正常关机造成网络协议出错，删除所有网络组件重新安装网络
错误734	PPP连接控制协议中止。可能是ISP服务器出现故障或者非正常关机造成网络协议出错，删除所有网络组件重新安装网络
错误738	服务器不能分配IP地址。可能是ISP服务器出现故障或者ADSL用户太多超过ISP所能提供的IP地址，出现该故障只能咨询ISP供应商
错误797	没有找到Modem连接设备。可能是Modem电源没有打开、网卡或连接线出现故障，也可能是没有安装相应的协议，应检查电源和连接线是否正常，网卡、Modem等是否出现故障

13.3 IE 浏览器常见故障

阿智： IE浏览器的网页中这么多图片都没显示出来，你不解决一下吗？

小白： 我不知道怎么解决呀，所以只有将就使用。恰好你在这里，你给我介绍一些常见的IE浏览器故障吧，它偶尔出现一些故障我都不知道怎么办，有时候只能使用其他浏览器，但其他浏览器又没有IE浏览器方便。

IE浏览器是系统自带的浏览器，没有使用特殊浏览器习惯的用户，一般都是直接使用IE浏览器。但在使用过程中，一些IE浏览器的故障常常让用户头疼不已。下面介绍一些常见的故障处理方法，以帮助用户更好地使用IE浏览器。

13.3.1 网页中无法显示图片

在使用IE浏览器浏览网页时，经常遇到网页中的图片资源无法显示，这些图片可能是Flash类型的资源，也可能是普通的图片。如果想让图片正常显示，可以按照下列方法进行处理。

学习目标 学会让网页中正常显示图片
难度指数 ★★★

步骤01 启动IE浏览器，❶在页面右上角单击"工具"按钮，❷选择"Internet选项"命令，如图13-39所示。

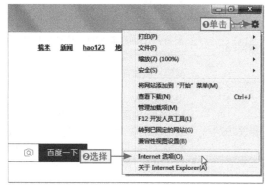

图13-39 选择"Internet选项"命令

步骤02 ❶在打开的对话框中单击"高级"选项卡，❷在"设置"列表框中选中"显示图片"复选框，❸单击"确定"按钮，如图13-40所示。

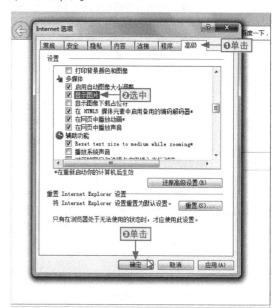

图13-40 设置Internet选项

步骤03 进入Adobe官方网站(http://www.adobe.com/cn/)，在页面上方单击"菜单"超链接，如图13-41所示。

图13-41　打开菜单列表

步骤04　在打开的菜单列表中单击Adobe
Flash Player超链接，如图13-42所示。

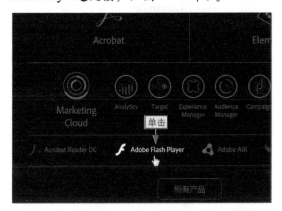

图13-42　单击Adobe Flash Player超链接

步骤05　在打开的下载页面中单击"立即安装"按钮，如图13-43所示。

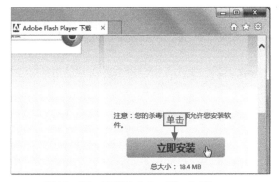

图13-43　安装Adobe Flash Player

步骤06　运行下载的安装程序，安装完成后

单击"完成"按钮即可，如图13-44所示。

图13-44　完成安装

13.3.2　IE浏览器窗口无法自动最大化

浏览网页时，用户都希望浏览器是最大化的窗口，这样可以显示更多的信息，避免每次打开浏览器都要单击"最大化"按钮。设置IE浏览器启动时自动最大化的具体操作如下。

学习目标　设置IE浏览器启动时自动最大化
难度指数　★★★

步骤01　❶单击"开始"按钮，❷选择"所有程序"→"附件"→"运行"命令，如图13-45所示。

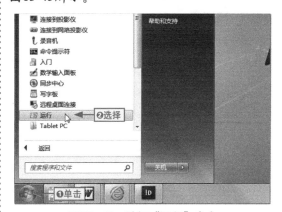

图13-45　选择"运行"命令

步骤02 ❶在打开的对话框中输入regedit命令，❷单击"确定"按钮，如图13-46所示。

图13-46　运行注册表编辑器命令

步骤03　在注册表编辑器中，展开HKEY_CURRENT_USER\Software\Microsoft\Internet Explorer\Main目录，如图13-47所示。

图13-47　打开注册表编辑器

步骤04 ❶在Window_Placement键上右击，❷选择"删除"命令，如图13-48所示。

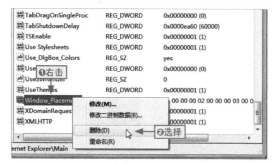

图13-48　删除注册表中的键值项

13.3.3　QQ能登录但网页打不开

使用路由器上网的电脑可以登录QQ收发消息，但却打不开任何网页。这种情况多数是DNS服务器错误导致的。如果路由器开启了DHCP服务，可将本地连接的IP地址设置为自动获取，否则需要指定正确的DNS地址。

学习目标　学会更改本地连接的IP地址获取方式
难度指数　★★★

步骤01　用任意方式打开"网络和共享中心"窗口，在左侧单击"更改适配器设置"超链接，如图13-49所示。

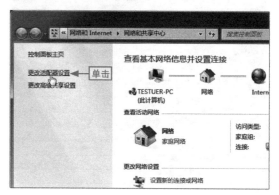

图13-49　更改适配器设置

步骤02 ❶在当前使用的连接上右击，❷选择"属性"命令，如图13-50所示。

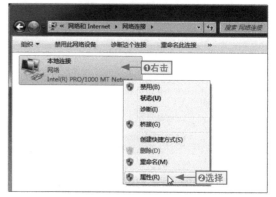

图13-50　查看本地连接属性

步骤03 ❶在打开对话框中间的列表框中选择 "Internet 协议版本4" 选项，❷单击 "属性" 按钮，如图13-51所示。

图13-51　查看TCP/IPv4协议属性

步骤04 ❶在打开的对话框中选中 "自动获得 IP 地址" 和 "自动获得DNS 服务器地址" 单选 按钮，❷单击 "确定" 按钮，如图13-52所示。

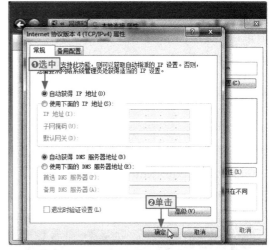

图13-52　让系统自动获取IP地址和DNS地址

使用固定的IP地址和DNS服务器地址

　　局域网中的某些电脑需要使用固定的内网 IP 地址，如提供共享资源的电脑。如果指定固定的 IP 地址，就 需要手动指定 DNS 地址。

　　通常在一个地区，同一网络运营商使用的 DNS 地址是相同的，可以从其他用户处获得。如果路由器能成功 拨号，也可以从路由器的 "运行状态" 页面的 "WAN 口状态" 栏中获得，如图 13-53 左图所示。获取到 DNS 服务器地址以后，再重新打开 TCP/IP 协议的属性对话框，选中相应的单选按钮后设置固定的 IP 地址和 DNS 地址即可，如图13-53 右图所示。

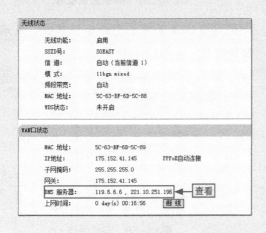
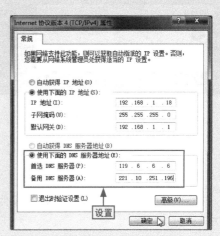

图13-53　获取DNS服务器地址并指定本地连接

13.3.4 无法打开网页中的二级链接

浏览网页时，能打开新的网页，也可在收藏夹中打开网页，但不能打开网页中的二级链接，该故障是与IE有关的文件丢失引起的，具体处理方法如下。

学习目标 学会修复IE浏览器丢失的文件
难度指数 ★★★

步骤01 打开命令提示符窗口，在其中输入regsvr32 actxprxy.dll命令，按Enter键，如图13-54所示。

图13-54 输入命令

步骤02 在打开的提示对话框中单击"确定"按钮，如图13-55所示。

图13-55 注册动态库链接文件

小绝招

Regsvr32命令介绍

Regsvr32 命令的作用是将动态链接库文件注册为注册表中的命令。

步骤03 打开IE浏览器的"Internet选项"对话框，❶单击"高级"选项卡，❷单击"重置"按钮，如图13-56所示。

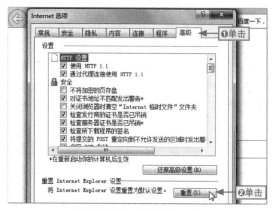

图13-56 重置IE设置

步骤04 在打开的提示对话框中单击"重置"按钮，如图13-57所示。

图13-57 确认重置设置

步骤05 IE设置重置完成后，单击"关闭"按钮即可，如图13-58所示。

图13-58 完成操作